ようこそ熊野屋へ

熊

そばぼうろ
Butlers

WELEDA
油屋の資料室
熊野屋
熊野屋
梅酒

嘉石濃陰書屋
御小納戸

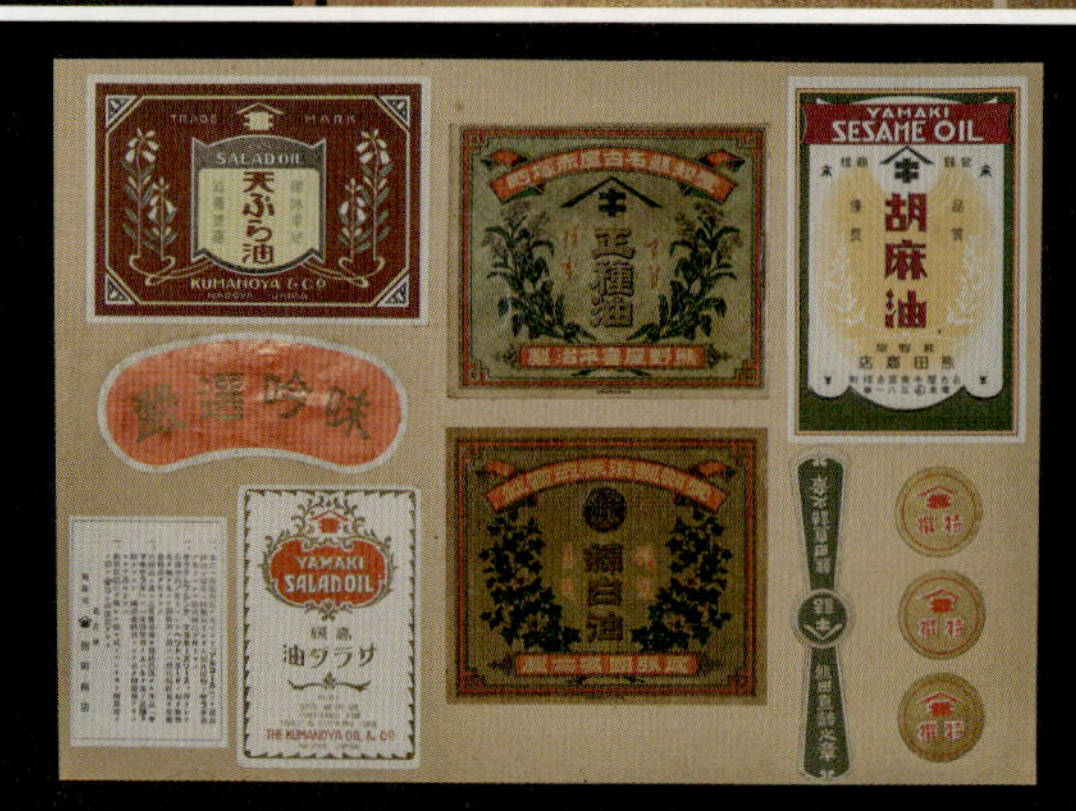
TRADE MARK
SALAD OIL
天ぷら油
KUMANOYA & CO.
YAMAKI
SESAME OIL
胡麻油
YAMAKI
SALAD OIL
油ダラサ
THE KUMANOYA OIL & CO.

熊野屋「油屋の資料室」

ようこそ熊野屋へ

私どもは尾張名古屋の城下町、東区赤塚町七番地にある小さな食品店です。

創業は江戸時代の享保年間で、以来約三百年、同じ場所で商いを続けてきました。とはいっても、当初は名古屋城に灯りの原料を納める油屋でした。それが時代の移り変わりにともなって、今は食料品を扱っています。

熊野屋が大切にしていることは、「安全につくった、ごまかしのない、美味しい食品を、リーズナブルな値段で、安心して買って、楽しく食べて、使っていただくこと」。だから、ここで販売している食品は、普段お店を経営している私たち家族が食べたり、飲んだり、使ったりしているものに限ります。逆にいえば、私たちが食べたくない、飲みたくない、使いたくない食品は販売していません。

本書では、そんな熊野屋がお勧めする「良い食品と伝統食品」を皆さんに紹介したいと思っています。いわば熊野屋の紙上店舗です。

昔の日本には小さな食品小売店がどこにでもありましたね。八百屋、魚屋、肉屋など、販売する人と買う人が顔を合わせて、いろいろな話をしていたと思います。今の日本では人と言葉を交わすことなく、簡単に便利に食品が買えます。しかし、それでいいのでしょうか。文字や数字以外の情報がますます消費者に伝わりにくくなっているような気がします。食品に表示されたデータのみではなく、目に見えない食品の情報や価値、食品の基本知識や生産者のことも伝えたい――。

いまこそ私たちのような思いをもつ小売店の出番ではないでしょうか。

皆様のこころ豊かな暮らしに、この本がお役にたてれば幸いです。

令和元年五月一日

熊野屋店主　熊田 博

良い食品物語 1

基本調味料と基本食品のお話……25

良い食品物語 2

お茶とお菓子の奥深い世界

良い食品物語 3

日常の身近な食品

良い食品と伝統食品
伝統調味料
能登よりの健康卵
低温殺菌牛乳
無添加ハム・ソーセージと
美味しい干物
各種ねりもの
鹿児島さつま揚げ
豆味噌
京千鳥酢
胡麻油
諸国菓子と諸国漬物
江戸享保年間創業
熊野屋
名古屋市東区赤塚町７
午前11時より午後6時
日・月・祝お休み　電話 931-8301
ホームページ http://www.kumanoya.net
熊野屋は　安全でごまかしのない、
おいしくて安心して召し上がっていただける
良い食品と伝統食品を
販売するように努力いたしております。

熊野屋はこんなお店です

◉熊野屋のあるところ

熊野屋のある場所について説明しましょう。先祖は江戸時代の享保年間（一七一六年〜）に名古屋城下赤塚で油屋を始めました。赤塚は名古屋から長野、善光寺への街道（下街道、またの名を善光寺街道）沿いにあり、商売には向いた場所のようでした。名古屋は徳川家康が慶長十五年（一六一〇）から約四年かけて計画的につくった都市です。上方と江戸との中間に位置し、徳川幕府の防衛上の重要拠点として整備されました。名古屋城を中心として、城の周りに武家屋敷（今の白壁地区など）、街道沿いの赤塚には商人や職人が住んでいたようです。熊野屋には古地図が幾枚も残り、当時の様子をしのぶことができます。

店内には「油屋の資料室」があります。店で使用してきた道具類、古地図類、大福帖、灯りの道具、看板など、江戸から明治、大正、昭和時代の油屋の資料をご覧いただけます。

◉熊野屋のあゆみ

熊野屋は、江戸時代は名古屋城に灯りの原料を納める油屋として、御用達の役割を担うほど栄えたようです。現代では食用として植物油を使いますが、江戸時代はエネルギー源

として利用されました。

電気やガスのないこの時代、人々は植物油（菜種、荏胡麻、胡麻油など）を灯りの原料に使用していたのです。油は美濃や三河地域から消費地の名古屋へ運ばれ、油屋が油を貯蔵し販売していました。今でも店の地下に油の貯蔵用の大きな常滑焼の甕（かめ）が埋まっています。

明治時代になり日本の近代化が進むと、灯りは電気、ガスになり、その原料は石油に変わりました。

その影響で大正から昭和のはじめの熊野屋は困難な時代を過ごしました。油屋の形態を残すため、鉱物油（石油等）や香油（化粧品）などの油脂類の販売、そして昭和の初めの恐慌で大失敗に終わった金融業（旧東海銀行の前身、金城銀行の設立）などの事業も経験して来ました。時代は大きく変わり、第二次世界大戦後は燃料の石油のほかに食品を扱う店として、飲食店や小売店への卸売業、店での小売などをしてきました。ただ大きな時代の流れでは油屋の商売は消えてゆかざるを得ない状況でした。

◉今の熊野屋の原点

今の熊野屋は私が昭和五十二年（一九七七）に一冊の本と出合ったことから大きく変わることになりました。『食品を見わける』（磯部晶策著、岩波新書）

という本です。この本が出版された時代は、高度成長時代が終わりに近づき、オイルショックと呼ばれる石油危機がありました。世の中のすべてのことに大きな変化の出始めた時期だったのです。食品も日本の戦後の経済活動で規模拡大、利益追求という流れの中で大量生産、大量販売される一方、環境問題、農薬汚染、そして食品添加物や偽装偽和などの食品問題が起きた時代でした。本の著者、磯部晶策氏は全国各地で消えてゆく伝統食品を残す努力や、食品のあり方に疑問を持った日本各地の食品の生産者、販売者、消費者の相談にのる活動をなさっていました。食品産業が企業として大型化していく中、地方の小規模な本物の食品づくりが休止や廃業に追い込まれていました。日常的に食べる卵や牛乳、米や生鮮品などの食の基本となる食品も、流通組織、流通経路の変化で品質の良さではなく、量的、経済的な面から変質し始めたのです。磯部氏の事務所が店の近くで、氏の友人とも交流があったことから、熊野屋と磯部氏のおつき合いが始まりました。

磯部氏からは食品の基本、良い食品の考え方、品質の見極め方を学びました。食品販売店を営む者として、生産者と消費者の橋渡し役をすることになった原点です。

私の食品店としての実際の営業活動は、浅井一光さんの影響を受けています。浅井さんもまた、磯部氏の食品に対する考え方にひかれ、愛知県一宮市で食品店を営み、御夫婦で良い食品の販売をしてこられた方です。

浅井さんは大学を卒業後、大手清涼飲料メーカーに就職、営業活動で商品の拡販に努めていました。しかし、商品の良さではなく、価格と販売量を競う仕事や生き方に疑問を持ち、会社を辞めて自分でお店を構えたのです。浅井さんの姿をみて、まっとうな仕事と生き方ができることを知りました。

この二人から私が学んだことは、食品はなによりも品質の良さが大切であること。製造者は当然のことながら、販売者も利益を求めるのみの食品販売では「生産者と消費者を結ぶ本当の橋渡し役にはなれない」という事実です。「良い食品を消費者に」という理念の実現は小さな日々の活動、生産者との交流や情報の交換、商品の流通に自らの身を置くことからしかはじまりません。消費者一人ひとりに商品と値段だけでなく、その食品の持つ価値を伝えることがなにより大切と考え、行動することなのです。

◉熊野屋と良心的な食品製造者との交流

「良い食品を作る会」は、昭和五十年（一九七五）に結成された食品製造者の会です。会ができるきっかけは、昭和四十九年（一九七四）にある雑誌の「消費者問題特集」で採り上げられた「食品メーカーと消費者をめぐる良心と情報の問題」という記事でした。この記事は『食品づくり一徹』（小出種彦著、風媒社）に収録されていますが、多くの良心的食品メーカーの注目を集めました。その後、食品業界が大量生産、大量消費で変質していく中、全国の良心的な生産者（同じ志を持つ）が規模の大小を問わず、共通の食品問題に取り組むことを目的に「良い食品を作る会」が発足したのです。会は磯部氏を中心に年に三回の総会と研修会、会員間の情報交換と工場見学を目的に、日本全国の会員所在地で会員が集まり活動しました。会が結成し十年経った昭和六十年（一九八五）には、生産者会員五十九社と販売者会員十九社になりました。平成四年（一九九二）には生産者と販売者の会員が合計百五十社になり、一堂に集まり研修することが難しくなったこともあり、平成五年（一九九三）一月に旧良い食品を作る会は解散しました。

その後、各地で旧会員間での研修会が続けられ、平成九年（一九九七）には現在の「良い食品づくりの会」が結成されました。多くの生産者、販売者が良い食品の基本理念（良い食品の四条件）の継承と、研修会や見学会、共同での催事などの実践を続け活動しています。熊野屋は旧「良い食品を作る会」と「良い食品づくりの会」の会員です。詳しくは「良い食品づくりの会」ホームページ（http://yoisyoku.org）をご覧ください。

熊野屋は小さな店です。できることより、できないことが多いでしょう。ただ、品質の良い食品を製造、販売そして自らも消費する立場で、磯部晶策著『食品を見わける』の次の一文が現実になるように思い、行動し、その実現に努めます。

「いつの日にか、食品についてなんの知識もない子どもが、特別になんの勉強もしていない小売店に買物に行き、なに気なしに買った食品が、（良い食品の）四つの条件をみたした良い食品であるという光景がごく当たり前のこととしてみられるように……」（17ページ参照）

良い食品づくりの会
since 1997
http://yoisyoku.org/
2018年5月発刊

熊野屋のモノサシ　「良い食品の四つの条件」

熊野屋は「良い食品を販売する店」でありたいと思っています。お店として、何が良い食品であるのかを考え、選び、お客様に提示しなければなりません。しかし、そもそも「良い食品」とはなんでしょうか。

英語で「良い」はGOODですが、「良い食品」という場合の「良い」とは少しニュアンスが違います。クオリティ（QUALITY）という、日本語にはない言葉が、ここでは当てはまるでしょう。品質を意味する言葉です。つまり、良い食品とは「Quality クオリティ Food フード」（品質の良い食品）ということなのです。

昭和五十二年（一九七七）に出版された『食品を見わける』（岩波新書）という本で、著者の磯部晶策氏は、食品を選ぶうえで大切な点を次のように述べています。

「食品の品質は、原材料、調味、食品添加物、作り方などによってさまざまな程度に分かれる。なにをよいとし、なにをわるいかとするか、どういう質を高いと呼び、どういう質を低いというかは、判断の基準によって大きく変わる。メーカーの立場からいうと、メーカーである以上、すべてよい食品をつくっているという言い方さえできる」

磯部氏は良い食品の判断の基準はメーカー（生産者）の基準ではなく、「消費者にとっての基準」

でなければならないとし、そして食品を選ぶ際の「良い食品の四つの条件」を考えました。

第一に「安全で安心して食べられること」
第二に「ごまかしのないこと」
第三に「味の良いこと」
第四に「品質に応じて価格が妥当であること」

熊野屋もまた、この「良い食品の四つの条件」を、販売する食品を選ぶ「モノサシ」と考えます。

それでは、もう少し具体的に、消費者にとって「品質の良い食品」とは何かを考えてみましょう。

❖第一「安全で安心して食べられること」

「安全」には次の四つを踏まえることが大切です。

「原料の安全」農産物に使用される農薬や輸入原料の遺伝子組み換え技術の安全性の問題。水産物や畜産物では養殖や飼育での飼料や飼育方法、使用される薬剤の安全性に問題はないかを確認します。

「製造過程や加工段階での安全」製造の過程で使用される化学物質、加工段階で起きる熱や水素添加による脂肪酸の変性。食品添加物の利用法と法律で定められた使用量等の確認とその安全性には注意すべきです。

「食品衛生での安全」食中毒や有害物質「砒素(ひそ)や有機水銀」などによる健康被害。過去の歴史で起きた事実と背景を知ることでその経験を生かし、食品の衛生に細心の注意を払います。消費者自身も同じです。

「食品アレルギーの安全」近年の食と食品アレルギーの問題も忘れてはなりません。原因や症状はさまざまで、未だに原因不明の点も多くあります。食品の原料表示の（原因物質アレルゲン）の確認は大切です。

食品には「安全」と共にもうひとつ重要なことがあります。「安心」の問題です。

安全は検査やデータなどの数値で確認することはできますが、「安心」は主観的・心理的なものといいますか、人の心の問題です。消費者はどのようにしたら安心を得ることができるのでしょうか？

熊野屋はこう考えます。

一、生産者、販売者は自分も消費者であると認識すること。理由は生産者も販売者も自ら生産、販売する以外の食品は消費者として他から購入するからです。自らも同じ消費者の立場で考え行動することが大切です。

二、互いに相手に誠実に接し、正確な情報を共有し理解しあうこと。

三、消費者も自ら情報を正確に判断できる知識を持つこと。

『広辞苑』には、「安心」について、「心配・不安がなくて心がやすらぐこと」と書かれています。

現代の日本では原料や製品を海外からの輸入に依存することも多くなりました。国産ならばすべてよしというわけではありませんが、安全性も含め実体がわからないことが多くあります。心配や不安が残ります。

熊野屋は販売する食品の正確な情報を提供するために、食品の生産地、生産者、生産現場を訪ね、商品と値段だけでなく商品知識と商品説明、そして食品の物語を消費者の方々にお伝えしたいと思います。

❖第二「ごまかしのないこと」

安全、安心が備わった食品もごまかしがあっては意味がありません。

さきの磯部氏は、食品は、偽和、不当表示に留まらず、一切のごまかしを排さなければならない、と強調します。偽和とは少し難しい言葉ですが、食品の専門用語で、「うそ、にせもの、水増し」の意味です。『食品のうそと真正評価』(NTS)の著者、藤田哲氏も一般消費者は「この食品は何か」「その産地はどこか」「それはどのように加工されたか」「その内容表示は適正か」などを常にチェックし、食品の価値を低める不正行為の「偽和」に関心を持つべきと語っています。

食品の偽装、偽和が発覚すると、マスコミ報道の直後は消費者の関心を呼びますが、すぐに忘れ去られます。例えば、「輸入原料を国産と偽る」「産地を偽装する」、ひどい例では「廃棄する食品が偽装され、格安で販売される」など。また、事件や事故にはならないものの、本来、手間や時間をかけてつくられるはずの食品が、化学調味料やアミノ酸などの味付け、不必要な着色、不自然な着香など、質の悪い原料の使用によって、純正な加工を避けてつくられる食品も同じです。誇大なキャッチフレーズの広告や、不正確な商品説明などにも、消費者は注意する必要があります。（本書94ページのコラム「消費者と食品情報」も参照）

食品の「ごまかし」問題の根は深いです。「ごまかし」を見抜くには、ただ単に食品の正確な知識と情報を身につけるだけでは足りません。本当なのか、まずは疑ってみること、つねに複眼で見て考えること。物事を見極めるための思慮深さが必要なのです。簡単なことではありません。

磯部氏は食品づくりにおける「ごまかし」がもたらす危険性を次のように警告しています。

「極言すれば、ごまかしたい気持ちがあるから、食品添加物の乱用が起き、面倒な味付けを嫌って、化学調味料的な物質に依存することになり、不当に高い価格をつけることにもなる」

❖第三「味の良いこと」

食品である以上、当たり前のことですが、人によって好みが違います。

熊野屋の考える味の良さとは、厳選した良質な原料、純正な加工、伝統的な製法などでつくられ、食品の持つあと味の良さがあること。繰り返し食べても素直で飽きのこないおいしさと考えます。

ここで大切なのが、味覚の「うま味」と「食感と風味」です。食味だけでなく人の味覚は「味の良いこと」と関連し、そして影響しあいます。

「うま味」は基本の味の塩味、甘味、酸味、苦味の四つの味とは異なる味覚です。英語でもUMAMIと言われます。「うま味」は、明治四十一年に池田菊苗博士が昆布の「だし」のおいしさの成分を分析するなかで発見し、命名されました。その後、うま味増進剤として薬の製造をおこなっていた鈴木三郎助氏によりグルタミン酸ナトリウム（MSG化学調味料）が工業的に生産され、広く使用されるようになりました。現在は同じ役割の添加物「タンパク加水分解物」「アミノ酸」「エキス類」も味を調え補う意味で利用されています。素材や製法からの「うま味」ではなく、添加するものです。添加物の利用には原料費を安く抑え、製造のコスト削減の意味もあります。

「食感と風味」は味覚という「味」以外の人の感覚に作用します。英国のオックスフォード大学の『食 food』の著者、ジョン・クレプス卿が著書で、味覚と風味について書いています。

……味覚は食べ物の持つ「味」と最初に考えるが、実際には多くの場合は食べ物の「風味」であり、人のいくつかの感覚が刺激された複合的な結果である。食品が持つ多種多様な風味は「うま味」を入れた五つの味覚だけで説明することはできず、匂いや噛み応えなどの「食感」、さまざまな感覚体験とさらには人の遺伝的な差異が感覚に影響を与える。……

この記述からは、食品には味だけでなく食感と風味が必要と理解できます。近年の大量生産の食品には、この「食感と風味」を出すために食品添加物が利用されます。増粘安定剤と呼ばれる一連の添加物です。食感のとろみや粘度付けの「増粘剤」ゼリー状に固める「ゲル化剤」、製品の安定化と均一性を保つための「安定剤」など、さまざまな種類があります。製品表示は用途及び添加物の名称を省略し「増粘多糖類」と表示されます。「味の良いこと」の条件からは、これらを使用した食品は外されるべきでしょう。

❖第四「品質に応じて価格が妥当であること」

消費者に関心の高い「価格」の問題も重要です。

食品価格を「値段が高い安い」のみで考えるのは単純すぎます。少し身近なことから考えてみましょう。

一、品質はどうでもよく、値段が安ければよい。

経済的な理由がある場合もありますが、食品の選択には毎日の健康維持を考え、その品質と食生活のバランスが大切です。値段が安いからというだけの選択では、いろいろなリスクが伴います。

二、値段の高い食品、有名ブランドの食品はよい。

高いほどよい品質があるというのも疑問です。高級ホテルやレストランの偽ジュースや偽和牛ステーキ、有名デパートでの偽装贈答品などがしばらく前にもマスコミを賑わせました。さまざまな偽装、偽和事件に「だまされた、ごまかされた」と感じた方も多いと思います。

三、値引き価格。

食品には賞味期限があります。時としておこなわれる贈答品の解体セールや賞味期限が近い食品の値下げには理由があり、消費者もリスク（早く食べる）とベネフィット（お得に買える）を考慮して選べます。問題になっている食品廃棄（フードロス）や環境問題にとっても理解できる取り組みです。

「品質に応じて価格が妥当であること」は、適正な価格とも言えます。英語のリーズナブルな価格（英和辞典でリーズンは道理、理由、訳などの意味）と考えれば、理解していただきやすいと思います。

「良い食品の四つの条件」をすべて満たす食品を選ぶのは本当に難しいことです。一つや二つの条件を満たす食品はたくさんあります。ここで大切なことはなんでしょうか。「モノサシ」を当てて、百点満点を求めるのではありません。むしろ、四つの条件を満たすべくより良い食品を求め続ける生産者、販売者の日々の姿勢を、消費者として見極めることではないでしょうか。

熊野屋はこの「モノサシ」の精度を高め、自身の判断能力と技量を高めることを心がけます。

良い食品物語　1

基本調味料と基本食品のお話

熊野屋では基本調味料と基本食品を一番大切に考えます。
なかでも伝統食品の発酵調味料、主要な食品の卵と牛乳、
そして主食となる米とパン。基本の味の塩と砂糖の話です。

油はかって、灯りの原料でした

――油の歴史は長く、人類の長い歴史とかさなります

【油（食用油）】

熊野屋はもともと油屋でした。まずは油についての話から始めましょう。油にも種類がありますが、ここでは食用油（植物油）についてのお話です。

人類が最初に油を使い始めたのは、おそらく灯（あかり）とりのためです。狩りで仕留めた動物の脂を食用と燃料とし、その後、手に入れやすい植物の油が灯の主原料となりました。『旧約聖書』にはオリーブ油が登場し、日本でも『日本書紀』にハシバミの実から絞った油を燈火用とした記述があります。日本で油が食用として使われた歴史も古いようです。正倉院文書には、唐との交流の中で胡麻油が渡来した記述があります。

ただ高価なため、食用としての油は、上流階級や寺院での利用がほとんどのようでした。植物油の利用が広がったのは江戸時代になってからです。

江戸時代享保年間に始まった熊野屋の歴史は「あぶら（油）」から始まりました。菜種、荏胡麻、胡麻、これらはすべて灯り「燈明油」のエネルギー原料でした。一部は食品として、胡麻は食用油や精進料理に、荏胡麻は味噌だれなどに利用されていました。荏胡麻油は主として燈明油や番傘、提灯の防水剤の役割としての利用でした。最近、マスコミで荏胡麻油に含まれる脂肪酸で人のガンや認知症が治るなどのあやし

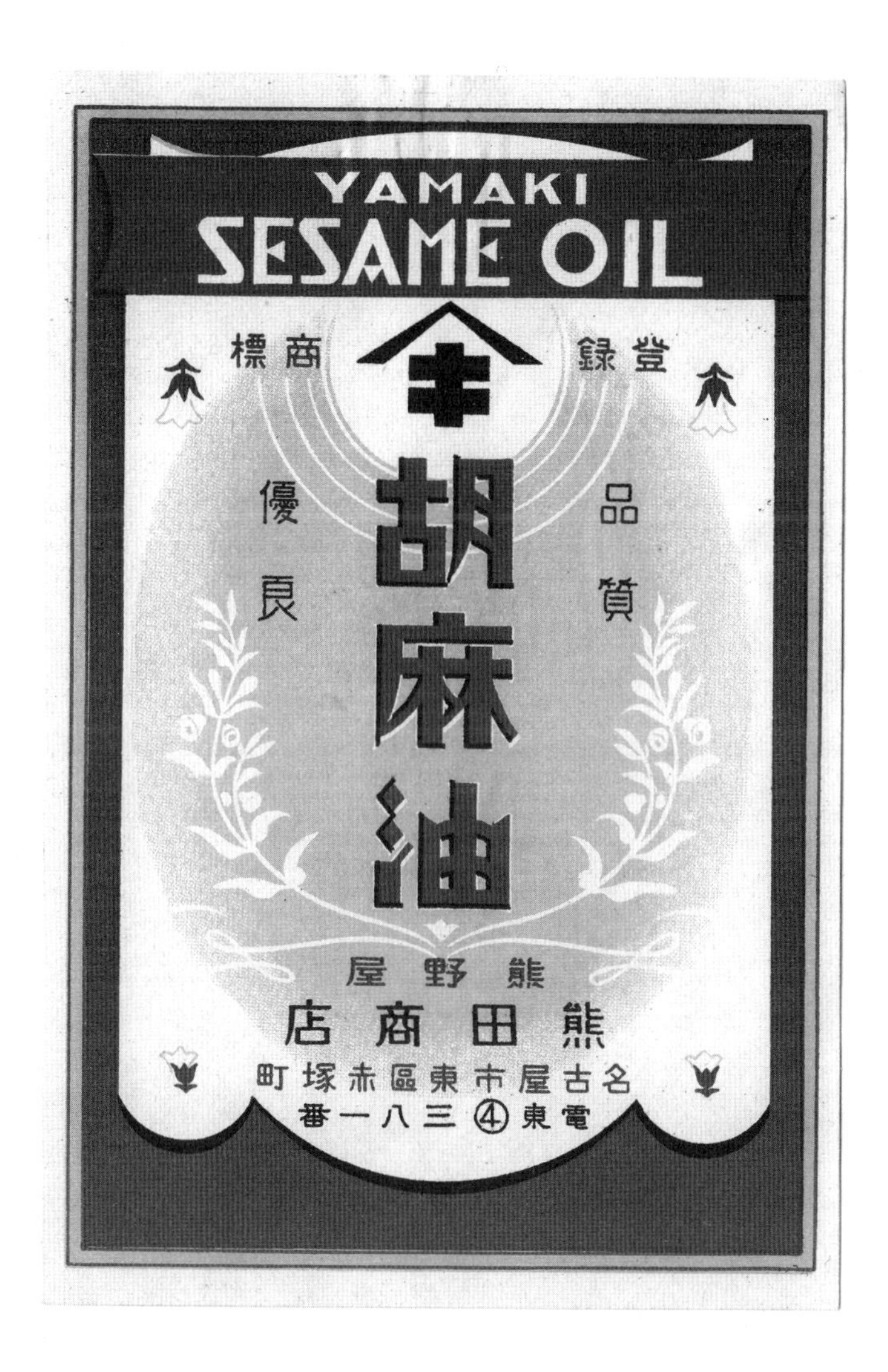
YAMAKI
SESAME OIL
登録商標
品質優良
胡麻油
熊野屋
熊田商店
名古屋市東區赤塚町
電東④三八一番

い健康法が脚光を浴びましたが、真偽は証明されていません。ひとつの食品が薬とおなじ効能を持つことはないと思います。

油の食用としての利用が一般庶民にまで広がったのは幕末~明治以降のことでした。現在、利用の多い大豆、コーンなどの食用油は第二次世界大戦後、近代的な製油方法と安価な輸入原料による大量生産、大量流通が可能になってからです。昔の価格の記録を調べると、江戸時代では米と油の価格比率が約一対一・二。戦争中は油一缶と米一俵と交換されたといわれます。驚きですね。現代の日本では国内の植物油原料は、ほぼ輸入に依存しているのが現状です。そのため、食用油の値段は世界の穀物相場と為替相場で上下し、変化しています。

あぶら(油脂)は人間の食生活に必要な三大栄養素のひとつ、脂質です。適量の摂取は必要です。ただし食生活での油脂の摂り過ぎには注意しましょう。とくに、家庭での消費よりも外食産業での使用量が多く、知らずしらずに多くの品質の悪い「油」を摂ることもあります。気をつけなければなりません。

漢字の「油と脂」の違いは?

ところで、油と脂の違いはご存じでしょうか。『広辞苑』では、常温で液体のものを「油」、固体のものを「脂」とするとあります。植物油の方が動物の脂よりも体に良いなどといわれますが、体の中ではそれぞれ大切な役割があります。両方ともにバランス良く摂ることが基本です。摂りすぎや偏りには注意しましょう。

現代では食用油に化学的変化を与えてつくる製品、例えばマーガリン、ショートニング、機能性油脂等の加工油脂がありますが、これらには特別の注意が必要です。油の良し悪しを一面(何々に良い悪い)で判断するのではなく、総合的に、油の種類、栄養素、製油法、安全性、味、価格、品質などを考え、食生活の中でバランス良く利用することが大切です。

美味しい油、胡麻油とオリーブオイルのお話

食用の植物油は油の旨みが大きな特徴です。食材の塩味、酸味、苦味などをまろやかにして、食材の臭いを芳香や味の深みに変えます。油の中でも胡麻油とオリーブオイルは人類が最も古くから食用としてきた油です。栄養素と安全性、味と風味などが優れています。熊野屋で紹介している油はこの二種類です。

胡麻油の秘密

胡麻油は古くは古代エジプト、インド、中国で使われ、日本では奈良時代から使われています。製油法は、基本的には胡麻の種子を加熱し、圧搾（あっさく）などで搾る方法でした。現代でも機械化はされたものの、一般の植物油の製油法が化学溶剤を利用して油分を取りだす抽出法であるのに対し、多くの胡麻油は昔ながらの安全性が確立している圧搾法でつくられています。

熊野屋のお勧め

◉二種類の熊野屋特選胡麻油

熊野屋で販売している胡麻油は二種類あります。近年、人気があるのが「太白胡麻油」。太白には色が白いという意味があります。従来の茶色の胡麻油とは少し違い、サラダ、料理全般におススメです。「太白胡麻油」は低い温度で胡麻を焙煎するので、色と香りが淡いのが特長です。胡麻の風味を生かしながら、くどくありません。今の食生活に向く胡麻油といえます。

一方、胡麻油特有の色や香りがお好きな方には黄金色の「極上胡麻油」が良いでしょう。胡麻を良く焙煎してつくる胡麻油は食欲を増す香と味が自慢です。江戸天ぷらの伝統はこの濃い目の色と香りです。二種類の熊野屋特選胡麻油はレトロな雰囲気のラベルで、保存性が良いガラスビンを使用して販売しています。

●熊野屋特選太白胡麻油

一番絞りの琥珀色の淡い、やさしい味と香りの胡麻油

●熊野屋特選極上胡麻油

一番絞りの濃い黄金色で、食欲が増してくる香りと味の胡麻油

胡麻には良質な油分が多く含まれ、栄養素、ミネラル分も豊富です。そして何より胡麻油は他の油に比べ、抗酸化成分セサモールのおかげで酸化安定性が良く、保存性も高いのです。品質の良い胡麻油を使えば、食べた後の後味が、油臭い、油で胸焼けする、などが少ないと思います。また胡麻油は風味と芳香に優れ、食欲を刺激し、料理をより美味しくします。値段は原料価格や化学的に大量に製油する他の植物油よりは高くなりますが、化学薬品を使用しない安全性、原料の自然な風味の味と良い香りは、その価格に見合ったものです。調理後も残りカスを取り、できるだけ空気に触れないように保存し、早めに炒め物などの料理に利用して、最後まで使いきることができます。値段の安い質の悪い油などを無駄に使い、油処理剤などで破棄するよりもお財布にも環境にも優しいのです。

胡麻油は保存時の温度が低い場合は油の成分（蝋分）で白濁する場合がありますが、品質上の問題はありません。常温に戻してお使いください。また、保存は遮光性（光を通しにくい）の高い素材で、色のついたビンや缶をおススメします。ポリ容器類は保存性が悪く、ビンや缶に比べ賞味期限が約一年短く設定されています。当然、開封後は保存に注意して、早めに使うことが大切です。

オリーブオイルは万能調味料？

日本料理には醤油が欠かせませんが、イタリア、スペイン料理はオリーブオイルがなければ料理ができません。オリーブオイルは地中海料理ではバター、だし、塩の代わりにもなる万能調味料なのです。

一般の植物油は植物の種子から油を採りますが、オリーブオイルはオリーブの実から製油されます。オリーブは地中海地域のギリシャ、南ヨーロッパ、トルコ、エジプトなどで、紀元前から宗教、政治、医療、食などさまざまな分野で使われてきました。

オリーブオイルは良質な脂肪酸を多く含み、

ビタミンEなどの抗酸化物質も豊富。味、風味などが優れた油です。オリーブの実は油分の含有量が四〇～六〇%と高く、比較的、油を採りやすいのも特長です。英語のOIL（オイル）はギリシャ語やラテン語の「Olive（オリーブ）の油」が語源と言われています。実から採り出される油は良質な脂肪酸（オレイン酸）を多く含む天然のジュースともいえます。イタリアやスペインのレストランなどではテーブルの上に、必ずといえるほど、オリーブオイルのビンが置いてあります。日本ではパンにバターですが、南ヨーロッパではパンにはオリーブオイルです。また国や地域でオリーブオイルは色、香り、味もずいぶん違います。同じイタリアでも北のトスカーナ地方は緑色でフレッシュなオリーブオイル。南のシチリアでは黄金色の完熟のオリーブオイルです。それぞれの地方の食文化と共に楽しめるのです。

良いオリーブオイルとは、各国、各地域のオリーブをその特色を生かし、昔ながらの圧搾法で、化学的処理をせずに製油したものです。日本に大量に輸入されるオリーブオイルにはさまざまな製品があります。原料の品質、製油法での溶剤の使用、数種を混合しブレンドした製品、季節を問わず大量に製造したものなど、大きな品質差があります。良い商品の選択には商品知識と商品情報が必要です。

熊野屋のお勧め

◉オリーブオイル

●イタリア産エキストラバージンオリーブオイル（東京代官山 稲垣商店）

稲垣さんはイタリア各地の生産地と生産者を訪ね、交流し、品質の良い製品を輸入しています。小規模な生産者の製品が多く、安心して味、風味が楽しめます。

●ギリシャ産有機エクストラバージンオリーブオイル（大阪寝屋川 大友商事）

オリーブ原産地のギリシャ産。PDO認定のオリーブオイルです。軽い口当たりとなめらかな甘みが特色。

味噌と醤油、「たまり」は三兄弟

――発酵調味料は日本の食文化の根っこです

【味噌と醤油と「たまり」】

熊野屋では味噌と醤油、そして、たまりは特別です。知れば知るほど、これらこそ日本の食文化の基礎だと思うようになりました。ぜひ、本物の味噌と醤油、そして「たまり」を知って、味わっていただきたいと思います。

まずは歴史から見ていきましょう。味噌と醤油、たまりは兄弟みたいな関係です。どうも味噌が兄さんで、中国から渡ってきたようです。味噌をつくる時に生じる上澄み液が思いのほか美味で、醤油、たまりはこれを独自につくろうとして生まれたとか。つまり、醤油、たまりは弟たちというわけです。歴史をさかのぼると、中国統一を成し遂げた秦の始皇帝の時代に「醤（ジャン）」「鼓（シ）」という調味料があったとされています。醤は醤油の原型で、鼓は豆味噌の原型のようです。

一方、現代の日本の味噌や醤油に一番近い調味料は鎌倉時代につくられたといわれています。諸説あるようですが、臨済宗の覚心（かくしん）という僧が中国五大禅寺のひとつといわれる径山寺（きんさんじ）から「なめ味噌」の製法を持ち帰ったのがその起源。「なめ味噌」はお寺の保存食でした。この製法は今の紀州興国寺に伝えられ、今でも径山寺（金山寺）味噌と呼ばれて親しまれています。径山寺味噌をつくる時に桶の底に溜まった液体の味が良く、料理に使うようになったことが、

「たまり」の始まりです。ちなみに「たまり」は、今では東海地方だけに、大豆と塩だけでつくる伝統食品として伝わっています。江戸時代には味噌も醤油も日本各地で現在とほぼ同じように使われ、日本料理には欠かせない調味料となりました。ルーツは中国にあったようですが、日本で独自に発達し、世界で通用する「日本の発酵調味料」となりました。和食と呼ばれる日本食文化の根っこの調味料です。

さて、味噌と醤油の醸造法には、自然の気候の中で醗酵熟成してつくる天然醸造法と、温度、湿度を人工的に管理した温醸法（速譲法）があります。今は温醸法が主流で、輸入原料を使い、大規模工場で機械化と合理化で大量生産されています。戦後、原料の大豆不足が原因でつくられるようになった、大豆油を絞った残りカス、脱脂加工大豆を原料に使用してつくる醤油は、今でも低コストと利益の確保を目的につくられています。これは伝統食品の本来の醤油づくりではないのですが……。

手前味噌という言葉があるように、味噌づくりはかつて日本の四季の変化を利用して各家庭でおこなわれていました。秋に収穫された穀物を寒い時期に仕込み、味、香り、旨みを醗酵熟成してつくり、各家庭、各地域の特色ある味を生んだのです。今は、市販味噌ともいえる全国流通の工場生産味噌が主流です。

味噌そのものの品質の低さを補うための「だし入り味噌」（販売上は簡単便利に使える利点が強調されています）など、値段のみ安い、味や旨みの薄い調味料の味噌や醤油。こうした加工食品として化学調味料やアミノ酸、タンパク加水分解物などを使った味噌、醤油加工製品が多くの店の棚には並んでいます。

私は、朝は味噌汁とご飯、煮物、佃煮、漬物じゃないと朝食という気がしないのですが、世間はパンとコーヒー派が多数になりました。朝は忙しいという理由であれば、味噌や醤油を使った食事を、ぜひ夕食にでも味わってください。

芳気にみちた豆味噌の杉樽

豆味噌と豆たまり

味噌の種類は色では赤と白、味では甘口と辛口に分けられます。さらに味噌をつくる麹の違いから米、麦、豆、できあがった味噌の粒の有無から粒味噌、こし味噌、つくられる場所から仙台味噌、信州味噌、西京味噌などにも区別できます。

豆味噌は、色は赤、味は中辛、麹は豆麹、場所は東海地方に限られます。味噌の原型ともいわれ、原料は大豆、塩です。ちなみに「八丁味噌」は愛知県岡崎の八帖という地名から名づけられた豆味噌です。東海地方にはわずかですが、各地に小規模な特色のある味噌屋が残っています。大豆一〇〇％は豆味噌のみで、すべての面で独特です。熟成期間は他の味噌に比べて長く、最低一年以上必要です。本当の豆味噌の良さを出すには三年以上かかります。三年以上熟成した豆味噌は、味噌の旨み成分であるアミノ酸が結晶化しています。豆味噌の旨みは一度好きになると癖になるでしょう。保存性が良く、戦国時代に豆味噌は大切な食料として利用されたといわれています。豊臣秀吉の天下統一時、戦国大名が国分けで東海地方より移り住んだ土地の特色が加わり、前田利家の加賀味噌、蜂須賀小六の徳島味噌などに味も変化しました。名古屋では豆味噌を使用した、味噌煮込みうどん、味噌カツ、味噌おでんなどが、独特の個性と風味がある名古屋めしとも呼ばれ人気です。

豆たまりは豆味噌と同じく、大豆一〇〇％の調味料です。原料は大豆と塩のみ。小麦や米などを使用しません。塩辛くない大豆の旨みの強い調味料です。とくに動物系の食材に使うと個性を発揮します。

鰻の蒲焼、焼肉のたれ、貝や魚の佃煮などに最適。醤油に比べ、食材を硬く煮しめない特性があり、三重県の貝の「時雨煮」はこの特性を生かした食べ物です。また岐阜県の菓子「たまりあられ」は、餅とたまりの相性の良さがわかります。ちなみに、「たまり醤油」という言葉によって、「たまり」と醤油は同じだと誤解さ

熟成して滴り落ちる豆たまり

れていますが、本当は味、香り、風味など醤油とは一線を画する、別の種類の違う調味料なのです。

米味噌と麦味噌

日本全国の味噌のうち、七五％以上が米味噌です。白米を蒸し、味噌用麹を繁殖させた米麹と大豆と食塩でつくります。その次に多い麦味噌は大麦や裸麦で麹をつくります。米味噌も麦味噌も、地域、製法、材料などでさまざまな味、品質に分けられます。

色は白から山吹色、赤茶までさまざまあります。味も甘口から辛口まであり、その違いを楽しむのも食材としての味噌の良さです。醤油と同じように通年醸造の近代製法では、味や香り、風味は本来の伝統製法の味噌とは異なります。多くの市販味噌は醗酵を抑えるために、保存料やアルコールが使用され、店頭でも冷蔵ではなく、常温販売が一般的です。味噌の良さは、アミノ酸やペプチドなどの旨み成分、大豆の良質のタンパク質と脂質が多いことです。脂質は大豆由来の不飽和脂肪酸で、抗酸化性が強く人体に重要な役割を果たします。

長崎の原爆で被災され、戦後、医師として活動された秋月辰一郎さんの著書『体質と食物』（クリエー出版）では、味噌が優れた食品として、味噌の価値を高く評価されています。私自身、わかめ、豆腐、油揚げ、野菜など豊富な具材を利用する味噌汁は大好物です。味噌を使った鍋料理、鯖の味噌煮なども日本人の食生活での伝統食品の利用として優れたものといえます。

濃口醤油と淡口醤油

醤油についてもさらに話を掘り下げましょう。ＪＡＳ法では、醤油は五種類に分けられます。その中で、消費量の多い醤油が濃口醤油と淡口醤油です。濃口は色が濃い目で、淡口は塩分を多くして色や香りを控えめにしているのが特色です。関東では濃口、関西では淡口が好まれ、それぞれの食文化を特色づけています。そばには濃口、うどんには淡口といわれるのも、醤油が影響した食文化と思われます。

醤油は江戸時代には日本各地で生産され、とくに今の和歌山県、兵庫県、千葉県で盛んにつくられました。長崎出島から輸出品として、九州の波佐見焼きの陶磁器に入れられて西欧まで運ばれました。日本国内では、上方食文化の淡口醤油が江戸では「くだりもの」と呼ばれ、高級品としての価値を持っていました。一方、江戸では近隣の野田や銚子で、色の濃い、さっぱりとした味の醤油が開発され、盛んにつくられました。これが濃口醤油です。生産量も多く、今では濃口醤油が全国的にも一般的な醤油となりました。

醤油は製法から本醸造、混合醸造と混合方式（旧名：新式醸造とアミノ酸液混合）に分けられます。混合醸造方式はいわゆる合成醤油です。本醸造とはいわば〝本当の醤油〟の意味ですが、原料に脱脂加工大豆を使っているものが数多くあります。脱脂加工大豆は、輸入大豆から油を絞った大豆粕です。これも本来の伝統的な醤油製造では使用しない原料です。現代の醤油市場では大規模メーカーの寡占化が進み、小規模製造所は減少しているのが現実です。日本文化の根っこの醤油醸造が近代工業化の中で、本来の味と香り、風味と特色が失われている気がします。

熊野屋のお勧め

◉味噌と醤油と「たまり」

●豆味噌と豆たまり

熊野屋の専用蔵で国産大豆100%を使用してつくった製品です。伝統製法を守り、長期間熟成してつくってあります。昔ながらの天然醸造製品。豆味噌は3年～4年熟成。色は赤黒いですが、塩辛さのない、旨みの塊（かたまり）のような味噌です。当然、無添加で一切加工していない粒の残る熊野屋自慢の逸品です。

豆たまりは小麦を使いません。国産大豆、豆麹、塩水で長期熟成して、桶の底に溜まった液を取り出した生引き（きび）（醸造の用語で「引きだす」）です。昔ながらのたまり造り。醤油とは別の旨みと風味が特色です。

●雪の花味噌

新潟県上越市越後高田の杉田味噌製。お椀に浮く雪のような麹粒がキレイで優しい米味噌。

●山吹味噌

長野県、城下町小諸の340年の伝統ある信州味噌製。山吹色の本物の信州味噌。

●仙台味噌

宮城県仙台、歴史ある仙台味噌醤油製造。伊達政宗の伝統を継ぐ、辛口の米味噌。

●金亀子味噌

東京下町の亀戸の佐野味噌製。東京でつくる貴重な中辛の美味しい伝統の江戸米味噌。

●長崎麦味噌

長崎チョーコー醤油製。九州を代表する甘口の麦味噌です。やさしい味と色が自慢です。

●径山寺味噌

和歌山県御坊市の元禄年間創業の堀河屋野村製造。伝統製法でつくる自慢の径山寺味噌。

●善光寺門前味噌

酢屋亀は明治16年よりの長野市の味噌屋さん。田楽、ゆず味噌など、調味味噌も自慢。

●濃口醤油と淡口醤油

超特選むらさき（濃口）とうすむらさき（淡口）　長崎チョーコー醤油製造。

●三ッ星醤油

紀州、元禄時代より300年の伝統がある堀河屋野村製造。すべて国産原料で手造りです。

●減塩醤油

長崎チョーコー醤油の味を大切にした本格減塩醤油。減塩でもおいしく使える醤油です。

酢は料理の名わき役
――酢は自分が前面に出て主張してはあきまへん

【酢】

お酢を使った料理や食品を食べて、「スッパーイ！」としか感じられないのは、本来おいしいお酢を使っていないのではと、京都の三百年続くお酢屋の大旦那さんに教わったことがあります。千年以上続く京の食文化は、酢をやわらかく、まろやかな味の調味料に育ててきました。

酢の基本は洋の東西を問いません。酒類（アルコール）を酢酸菌の働きを利用してつくる発酵調味料です。最近では氷酢酸を使用した酢（合成酢）は一部業務用としての利用以外は見かけなくなりましたが、戦後は安く、簡単に製造できることから、昭和四十五年以前までは多く使用されました。現在、日本では一般に使用する酢の多くは輸入穀物（小麦、トウモロコシなど）を原料とした醸造酢です。

醸造酢はいろいろあります。ヨーロッパではワインよりワインビネガー、アメリカではリンゴ酒を利用したアップルビネガーなど、各国、各地での特色があります。日本ではなんと言ってもお米（日本酒）からつくる米酢でしょう。今日本で販売量の多い酢は輸入穀物でつくる穀物酢。以前はかす酢が値段の安さから一番利用されていました。かす酢とは江戸時代、酒造りの盛んな愛知県半田で、酒造りの副産物の酒粕から初代中埜又左衛門が酢をつくることに成功。価格も安く、大量生産が可能なことから、当時、船で大量の酢が江戸まで運ばれました。その後、かす酢で成功したメーカーは、今では日本で有数の、酢のみではない、総合食品企業になっています。

酢は昔から調味料以外にも利用されてきました。殺菌や防腐効果を利用した魚の酢漬け、臭み消し、ぬめり取り、肉、野菜をやわらかく煮上げたり、色をきれいに仕上げたりします。また近年、酢が健康を求める人に飲み物として販売されることも多くなりました。酢の効用として、疲労回復、食欲増進、減塩効果などが認められます。しかし、薬のような効果を求めることは誤りです。昔、酢を飲むと体がやわらかくなるなどと言われたことがありますが、そんなことはありません。

「塩梅」と書いて、あんばいという言葉があります。これは塩と梅酢での味加減という意味です。料理の味の調節でうまくも不味くもなる「あんばい」。この言葉どおり、いろいろなことをほど良く整え、バランスを大切にして、極端にならないことが、体にも暮らしにも重要ではないでしょうか?

米酢とぽん酢

米酢は日本酒づくりから始まります。できあがった日本酒に種酢(酢酸菌)を加えて、酢酸発酵させ、熟成させるのです。原料の良し悪し、静置発酵か速譲発酵、または機械化による連続深部発酵法などで、味、酸味、香りも変わります。日本酒と酢は兄弟分ですが、あまり仲良くなれません。酢酸菌が酒を酢に変えてしまうので、兄弟付き合いが難しいのです。しかし、日本酒の酒のさかなには酢の物が多いですね。兄弟分として共に食文化の中で発達したからかもしれません。

米酢は日本各地でつくられますが、やはり原料が国産米か輸入米、または破砕米か米ぬかか、あるいは水、製法などで味、風味、価格が変わります。京の米酢は京料理、懐石料理には欠かせません。柔らかな酸味とコク、まろやかさと深い旨みが、米酢の魅力と、京のお酢屋さんはいいます。

ぽん酢は醸造した酢ではありません。今は材料に酢を使いポン酢とした商品も多くあります。元々のポンスはゆずやレモンなどの柑橘類の果汁に酒や砂糖などを加えた飲み物でした。すっぱくてさっぱりとした風味から調味料として利用されるようになったのです。今では冬の鍋物の定番の調味料で、夏にもさっぱりとサラダのドレッシング替わりにも利用されます。商品を選ぶときに注意したいことは、本物の果汁や調味料を使用した商品を選ぶことです。価格を安くするための材料や添加物を使用した商品は避けましょう。

熊野屋のお勧め

◉酢とぽん酢

●千鳥酢

京都三条にある村山造酢の米酢です。江戸享保年間に創業したお酢屋さんの伝統の京酢。

京料理に合う調味料として、お米のみでつくる伝統製法のまろやかな味と香りが特徴です。

●長崎ポンス

長崎チョーコー醤油製造の本格ポンスです。対馬産のゆずをたっぷり使用。無添加製品。

●減塩ゆずむらさきぽん酢

減塩タイプのぽん酢です。ドレッシングにも使えます。チョーコー超特選醤油と米酢の無添加ぽん酢です。

栄寿司（徳島市）

卵は誤解されています
――良い卵を上手に選び、おいしく食べましょう

【卵】

卵について、一般的にかなりの誤解があるようです。ここでは熊野屋で扱っている卵の生産者の方からの知識と情報をまとめてみました。能登半島の清潔な養鶏場で、安全安心、そして美味しい健康卵®を生産する伊勢豊彦さんの話です。

賞味期限

卵の賞味期限はとても短いと思っていませんか？　保存条件で変わりますが、生で食べられる期限は思ったよりも長いのです。春と秋、具体的には四～六月と十～十一月の産卵後は、二十五日内です。これが七～九月だと産卵後、十六日内、十二～三月は産卵後五十七日内になります。ただし前記の条件は、卵が鶏から生まれた時点で洗卵（せんらん）などの処理をしていない場合です。なお、購入後は鮮度維持のため、冷蔵庫（冷蔵十度以下）で保存することをおすすめします。

鮮度

卵は洗わずに保存したほうが鮮度を保てます。ただ、現在ほとんどの卵は出荷前にお湯や、次（じ）亜鉛酸（あえんさん）ナトリウム溶液などの殺菌剤で洗浄され

ます。本来、卵は表面のクチクラ膜で菌が入らないように保護されていますが、洗うとクチクラ膜が取れて菌が入りやすくなります。つまり、本当は洗っていない卵のほうが保存は良いのです。洗っていない卵は、使用する際は清潔に利用してください。

栄養

卵には、殻の色の白い卵と、少し赤い卵がありますよね。実は色の違いだけで、栄養の差はありません。親鳥の品種によって色が変わるだけです。品種の違いですから鶏の羽の色と殻の色も同じではありません。卵の殻の色の違いで栄養が多い少ないと考えるのは間違いです。卵は完全栄養食品と呼ばれるくらい八種の必須アミノ酸が含まれる良質なタンパク質です。コレステロールを問題にされる方がありますが、卵で血中コレステロールの数値が増えるわけではありません。当然、食べ過ぎには注意してください。

付加価値

赤玉有精卵という、少し値段の高い卵があります。有精卵は受精卵のことではありません。生物学では受精という言葉はありますが、有精はありません。有精卵は造語です。有精卵と呼び販売している生産者、販売者にその意味と理由をたずねてみてください。

生物学上で受精率一〇〇%はありえません。雄と雌を一緒に飼った鶏の卵というならば非科学的な話です。受精卵であれば、条件が整えばヒヨコになります。ヒヨコが生まれる卵を食用として販売しますか？　ヨード卵、ビタミン卵と呼ばれる、合成ヨウ素やビタミンを餌に添加した卵もあります。人は卵からあえて、ヨードやビタミンを摂取する必要はありません。これらはいずれも一般の卵より値段を高く売るために卵に不必要な価値を与えた特殊な卵です。

飼育

鶏の飼育方法にもいろいろあります。野原で草などを食べさせて飼うのは放し飼いです。土の上や、金網、すのこの上で飼うのが平飼い。この飼育方法が鶏にとって良い環境かどうかは、飼育面積と鶏の数、えさ、糞の処理、鶏の種としての秩序、病気と外からの野鳥の問題（鶏インフルエンザ）などを解決する必要があります。「放し飼いは自然」というイメージだけではいけません。鶏舎やケージで飼う方法は鶏の安全、健康管理、病原菌感染を防ぐ合理的な利点もあります。

飼料

鶏の飼料は一般的に穀類、豆類、ヌカ、粕などの配合飼料と、一部には食品副産物（食品屑）などが使用されます。注意が必要なのは飼料の安全性、そして鶏の健康のため本当に良い飼料かという部分です。病気を防ぐ抗生物質、栄養強化と称する化学物質、消費者が好む卵黄の色を出す着色剤、卵白、卵黄の高さをつくる添加物などを使用することは、鶏の健康のためではありません。

サルモネラ菌と鶏インフルエンザ

人の健康を害する食中毒で一番多い原因菌はサルモネラ菌です。とくに卵においては卵の表面、及び内部での菌汚染に注意が必要です。飼育での衛生管理と卵を使う際の一般消費者や加工業者の衛生管理が重要です。卵の殻は産卵する直前につくられ、産みたての卵に細菌が侵入、汚染することは少なく、九〇%以上が無菌といわれます。本来無菌の卵が汚染されるのは、飼育方法と取り扱い上の不注意です。鶏インフルエンザは鳥類において起こる感染症で、通常は人へ感染することはありません。しかし感染症の危険性は将来的には不明です。世界や日本で起きた鶏インフルエンザの鶏の大量処分は、大量養鶏による弊害です。

江戸時代の卵の値段は一個約二十文（現代価格で約三百円）。一方現代の卵の値段は大雑把にスーパーの特価品十個一パック百円から特殊卵千円まで、本当に価格差の大きい食品です。どうしてこのような違いが起きるのでしょうか？卵は物価の優等生といわれてきました。戦後は養鶏の近代化による大量飼育と輸入飼料の利用、養鶏場の大型化と効率化が進み値段が下がりました。しかし、低価格の弊害が起きて、養鶏業の構造的な不況と消費者の卵に対する不安感が高付加価値卵をつくり出しています。卵黄の色の濃さ、卵を割った時の白身の盛り上がりを良い卵の条件だと思っている人もいますが、それらは自然の摂理だけでなく、飼料に着色剤や添加物を使用して人工的につくることができることも知っておくべきです。

「良い卵」とはなにか？　消費者も卵の基礎的知識と正しい情報を持つことが必要です。

熊野屋のお勧め

●セイアグリーシステムの健康卵Ⓡ

（富山県高岡市福岡町　セイアグリーシステム）

健康卵Ⓡとは、富山県福岡町にあるセイアグリーシステムという卵屋さんの卵であり、登録商標です。そこに込めた意味は「健康な卵は健康な親鶏から産まれる」だそうです。

この信念の下、親鶏の健康を第一にした養鶏をおこなっています。抗生物質などの薬品、飼料添加物、着色剤や卵にとって不要なヨードやビタミンを使用せず、自家設計で配合した安全な飼料で親鶏を育てています。養鶏場は能登半島の自然に恵まれた土地で、清潔で安全な鶏舎を15カ所に分散することで、大量飼育による危険性とサルモネラ菌の汚染を防いでいます。

実際に鶏舎を訪ねると、清潔な鶏舎にはくさい臭いもなく、能登のさわやかな風が通る、良い環境が確保されています。健康卵は卵の持つ自然の摂理に従い、洗卵せずに消費者に届けられます。

健康卵は卵に必要ではない値段を高くするための付加価値をつけません。養鶏の基本を守り、健康卵の値段も妥当で正直な価格です。熊野屋の販売価格はここ二十数年同じ価格を維持しています。

基本食品には安定供給と安定価格も重要な点です。良い食品の４つの条件のうち大切な条件のひとつです。

白い牛乳は母牛の赤い血液からできます

——私たちは母牛の子牛のための大切なミルクをいただいています

【牛乳】

牛乳というと、青い空、白い雲、緑の草原に恵まれた牧場をイメージします。スイスのアルプやニュージーランドの草原、日本の北海道で草を食む牛たちを——。しかし、今の日本では酪農家が減少し、そんな放牧酪農は少なくなりました。大規模酪農経営が進み、今では乳質より乳量を求める酪農が中心です。

北海道オホーツクの地で放牧酪農を守る大黒宏さんのお話です。

白い牛乳

乳で子を育てる動物を哺乳動物と呼びます。乳は血液を原料に乳腺細胞で白い乳になります。白い牛乳は母牛の赤い血液が原料です。そのためには大量の血液が必要です。一リットルの白いミルクは約四百リットルの血液によってつくられます。

牛

牛は草食動物です。蹄（ひずめ）が偶数の、反芻（はんすう）する動物の意味であるうし科の動物です。反芻とは牛（羊、鹿、キリンも）が四つの胃を使い、草などの繊維質を特別の消化器で消化することです。人では消化できない繊維（セルロースなど）は長い時間と胃の中の微生物の力で分解され、吸収されます。

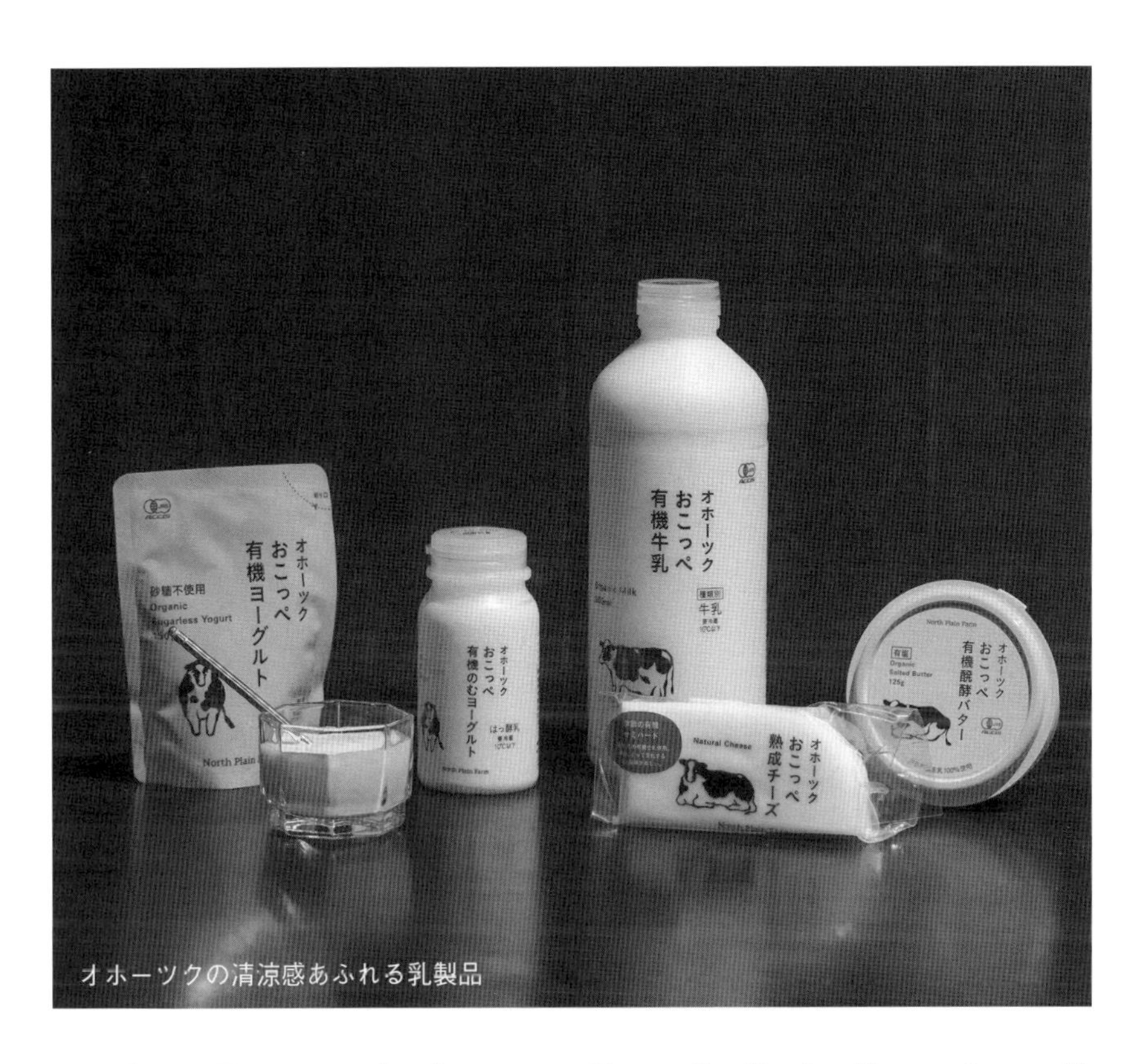

オホーツクの清涼感あふれる乳製品

放牧

本来は放牧、牧草飼育の乳牛たちは、今は牛舎の中で、草主体の飼料からトウモロコシなどの輸入濃厚飼料が主体の酪農に変わりました。穀物飼料は牧草や粗飼料に比べ、栄養豊富、消化吸収も早く、乳牛は多くの乳をつくります。酪農経営という経済的理由からは、狭い土地で、牧草の手入れや手間がかからない飼育は大きなメリットです。経済的にも乳量が多いほど収入、利益が増えます。こうした理由から酪農が変化しているのです。

一方、乳牛にとって生理的特性にさからうことは病気やストレスを増やし、体調や体質に変化を起こすことにつながります。当然、美味しい品質の良い牛乳づくりとは少し違います。

母牛

乳牛が乳を出すためには、まず妊娠しなければなりません。人工授精で妊娠して子牛を生みます。子を産んだ母牛からしか乳は出ません。

乳牛は子牛のために乳を出すのです。人は子牛のための大切な乳をもらうのです。乳を出すために母牛は生涯に人工授精と分娩を繰り返します。平均五〜七歳ぐらいで乳牛としての役目を終えます。

牛乳の価格

全国のスーパー、コンビニでは日本の三大乳業メーカー（約四五％の市場占有率）の製品が並びます。

牛乳の価格は一般の食品と違い、日本では少し複雑な条件下での価格です。酪農家、指定生乳生産者団体、乳業メーカーと農林省での価格を含む調整。飲料牛乳等生乳と加工原料乳用生乳、それに伴う価格差と乳量。北海道と他地域（本州、四国、九州）の生乳需給構造の違い。また、輸入濃厚飼料に頼るため各国の穀物等の生産状況、為替の影響を受けます。これらのいろいろな条件が複雑にからみ、価格が決まります。安全、安心、おいしい、などの品質ではなく、数字の世界で私たちの飲む牛乳の値段が決まるのです。

日本人は牛乳ぎらい？

インドでお釈迦様が六年にわたる厳しい苦行の末、悟りを開かれました。悟りを開かれた時、村の娘から捧げられたのは体にやさしい牛乳のかゆでした。村の娘の名はスジャータ。日本のある乳業メーカーは自社の商品名に娘の名を付けました。ただその製品は本当の乳製品ではなく、植物油と添加物でつくられたカップ入りのコーヒーフレッシュです。海外では一般的にはコーヒーや紅茶に添えられるミルクはすこし温めた本物の牛乳が使われます。第二次世界大戦後、アメリカから支給され、学校給食で飲んだあの脱脂粉乳の味。栄養指導や栄養学者の啓蒙で、おいしく飲むのではなく、体のためにムリヤリ飲む風習が、いつのまにか牛乳ぎらいを増やしたのかもしれません。牛乳ぎらいの方にも飲んでみていただきたい牛乳があります。

低温殺菌牛乳

「健牛　健土　良草」。北海道の酪農家の間で昔から大切にされてきた言葉です。農薬や化学肥料に頼らず、健康な土壌をつくり、そこで育つ良い草をたべている健康な乳牛から良い原乳が確保できる。そして安全で清潔な原乳は低温で殺菌し、牛乳本来の甘さ、旨み、風味、栄養をできるだけ自然に近い状態で牛乳にする。これが低温殺菌牛乳、いわゆるノンホモパスチャライズ牛乳です。ノンホモという言葉はノンホモジナイズの略です。ホモジナイズとは均質化の意味であり、牛乳を高圧で微細なフィルターに通し、乳脂肪分を砕いて、脂肪を均質化させる方法です。高温での殺菌時に機械的に必要であり、製品の安定、保存性の向上等の目的があります。ノンは否定語の「〜しない」。ホモジナイズをしない意味です。パスチャライズという言葉は低温殺菌法の意味です。フランスの細菌学者パスツールが発見した加熱殺菌法で、低温の六十三度三十分などで殺菌します。乳牛は血液から子牛のためにミルクをつくります。当然、品質の良い原乳は健康な乳牛を育てることが大切です。そして飼育面積に見合った頭数で、効率や利益のための多頭飼いをせず、良い環境で清潔に育てることが大切です。日本では生産方法、流通、販売管理などから高温や超高温殺菌法（日本では約九五％）の牛乳が中心です。自然に近い牛乳はタンパク質の熱変性も少なく、加熱臭もありません。体にやさしいです。栄養のために飲むだけでなく、母牛の大切なミルクを安心して美味しく、牛に感謝して飲む。低温殺菌牛乳は是非、飲んでいただきたい牛乳です。

酪農の原点？

南アルプス赤石岳の中腹に一軒の酪農家を訪ねたことがあります。牛四頭と山羊と簡易の宿泊所が併設してあり、主な仕事はチーズづくり。急峻な牧草地と狭い畑で、牛四頭から牛乳、ヨーグルト、バターそしてチーズづくりで暮らしていました。酪農の原点を知ったと思いました。家族のような家畜から大切にもらった乳をすべて使いきる。これはスイスの「アルプスの少女ハイジ」の世界であり、中東やモンゴルの遊牧民の世界と同じです。原料の乳から乳酸醗酵を利用してヨーグルト、生クリームを利用してバターをつくる。そして乳の成分を凝固、醗酵、熟成してチーズをつくる。現代の日本の酪農が大規模、大量生産で生産と効率を求め、販売一辺倒で見失ったものがここにありました。

バターとマーガリンの違いは？

熊野屋ではマーガリンを販売していません。私が子供時代（昭和三十年頃）には店で一時的に販売したことがあったようです。それは熊野屋が油屋であり、当時、植物油のメーカーがマーガリンの製造、販売に力を入れ植物油の販売店に販売要請があったからでした。今でも店には名残のホウロウ看板があります。マーガリンは乳製品ではなく、植物油を主原料に乳化剤等で液体の油を固形状の脂に化学変化を利用して加工した食品です。バターとマーガリンはまったく違う食品です。

バター

バターは乳製品です。原料は牛のミルクから分離した生クリームです。発酵バターと非発酵バターがあります。製造時間が短くてすみ、保存性が良いことから日本では非発酵バターが大半です。日本ではあまり馴染みがありませんが、ヨーロッパでは発酵バターが主流です。発酵バターは本来の牛乳の風味と芳香とさわやかな酸味があります。バターの製造の歴史は古く、十二世紀頃からヨーロッパで盛んにつくられるようになりました。製造過程は今も昔もほぼ同じです。

マーガリン

マーガリンは加工油脂製品です。十九世紀末にフランスでバターの代用品として考案されました。第一次、第二次世界大戦での原料ミルクの不足と工場生産可能なこともあって、世界に広まりました。日本でも戦後、人造バターと称し、広く普及しました。商品の広告では、値段の安さと、冷やしても硬くならない使いやすさ、植物性が強調されます。いずれも製造販売者側の利点の強調です。消費者の知らない別の重要な問題は知らされません。加工油脂の問題はいくつかあります。製造過程での水素添加の危険性。バターに似せるためのさまざまな香料、着色、乳化剤等の添加物の使用などの問題。そして、海外では水素添加によって発生するトランス脂肪酸の危険性が指摘されています。加工食品、スナック菓子など多量に使用されるショートニングと同じく、マーガリンも問題になっているのが現状なのです。

熊野屋のお勧め

◉牛乳と乳製品

●有機JAS乳製品　おこっぺ牛乳
（北海道紋別郡興部町ノースプレインファーム）

北海道のオホーツク海に面した興部町（おこっぺちょう）。国道239号線オホーツク街道に沿って市街地から約2kmのところにノースプレインファームはあります。海からの潮の匂い。澄んだ空気がなだらかな緑の丘から牧場に吹いています。人口より牛の牛口？が多い、本当に自然豊かな土地です。

明治にこの土地に入植した大黒家は四代続く酪農家です。私と親友の大黒宏は「安全で安心の良い乳製品を届けたい」の信念の下、120haの牧草地と牧場で乳牛50頭という本来の放牧酪農を実践しています。牧草地で健康な乳牛を放牧し、牧場内のミルクプラントで乳製品をつくっています。

牧草地は農薬や化学肥料を使用せず、2013年に有機JAS認定を草地で取得しました。牛の粗飼料も有機栽培飼料の認定を受け、製品は有機JAS認証の乳製品です。有機JASおこっぺ牛乳はノンホモパスチャライズ牛乳です。その牛乳から有機JAS認定のヨーグルト、のむヨーグルト、ナチュラルチーズ、発酵バターを製造しています。酪農の原点である、一頭の牛からもらった大切なミルクを丁寧に使い、無駄にせず、さまざまな乳製品をつくる本来の酪農の姿を目指しています。また、オホーツクの地域で農業、漁業、酪農など、自然と人と環境の調和を図るテロワール運動（フランス語でTerroir）を地域のさまざまな生産者とともに進めています。

毎日食べる主食はとても大事です

——ごはんとパンは、安心できる、食べあきない、おいしい食べ物であってほしいと思っています

【米】

米は日本人の主食です。つまり糧(かて)です。糧という字には備えおく食べ物という意味と主食の意味があります。『広辞苑』には活動の源という意味も記載されています。日本人にとって米ほど大切なものはないでしょう。米は稲(イネ科一年草)という植物の実です。稲にはうるち種ともち種があります。

普段私たちが食べるご飯はうるち種で、お餅、赤飯などはもち種を使います。大きな違いはでんぷんの成分の違いです。もみ殻を取り、精米して米粒にして食べます。表皮を取り除いたのが玄米、ヌカと胚芽を取り除いたのが白米。胚芽を残したのが胚芽米です。日本では稲という植物名とは別に「米」と特別に呼びます。麦などは植物でも麦、食べるときも麦です。米を炊いて食事にする時には「ご飯」とか「めし」と言います。米は江戸時代には貨幣経済の中心で、徹底した米本位制度がとられました。年貢、武士の給与など、米が貨幣であり、近世になるまでは米の生産能力で経済活動が決まりました。日本人にとってお米は特別なものなのですね。

米は他の穀物に比べても、日本の気候風土に合っています。収穫量も多く、粒のまま利用ができます。エネルギーの元になる糖質(炭水化物)が豊富で、体をつくる良質のたんぱく質を含み、食物繊維やビタミン類もあるという栄養

的にも優れた糧です。残念ながら、現代の日本では、お米という糧をあまり大切にしていないようです。聞いた話ですが、回転すし屋さんでは具のみ食べて、ごはんを残す方もあるようです。また家庭内や外食でもお米の食べ残しが多いようで、もったいないことです。

ところで、ご飯茶碗一杯には何粒のお米が入っていると思われますか？　答えは約三千五十粒です。

では、ご飯茶碗一杯でいくらでしょう？　約二十五円です。ミネラルウオーター二リットルとご飯茶碗約四杯と同値。缶コーヒー一缶とご飯茶碗約五杯と同値です（上記データは農林水産省「米をめぐる関係資料・平成二十九年十一月」から）。

今、私たちが日常なにげなく購入する商品の値段と比べ、お米の値段って安いと思います。米づくりの稲作は日本の食料自給率を支え、食料安全保障の要となっています。水田の多面的機能や重要性として、国土の保全、水資源、自然環境の保護、良好な景観の形成、文化の伝承などが挙げられます（農林水産省の資料）。お米をもっと大切にしたいですね。

毎日食べるお米にはこだわりたい

有機米

有機米とは農薬や化学肥料に頼らない有機栽培でつくる米のことです。国の法律では有機JAS規定の適合性検査を受けた農産物にのみ有機JASマークを付けることが許されています。実際の有機米の生産には大変な労力と手間と時間がかかります。国の表示制度のため、関係する書類管理の作業も必要になります。

稲の大敵は草、害虫、病気。農薬、化学肥料を使用しない栽培法は地域、品種、すべて違います。有機米は農薬の不使用という栽培上の条件のみでなく、お米の味、保存と管理、価格など総合的に判断して選ぶことが大事です。生産者の米づくりへの姿勢を知ることも重要でしょう。正確な情報を生産者、販売者が消費者にきちんと伝えなければいけません。名古屋の米屋、小林孝次さんは有機米の生産者と絶えず交流して、生産情報を把握し、味や品質管理、及び生産者の人柄などを知る努力をしています。

有機米や特別栽培米の生産は自然の条件によって収穫量が影響を受け、年により安定せず、農家の収入が減る場合もあります。有機米を求めることは、生産者の生活を守ることでもあります。継続して安全、安心の米づくりを応援する気持ちとともに、生産物に対して正当な対価を払うことを理解し協力したいものです。

（本書66ページのコラム「消費者と食品価格」も参考にしてください。）

熊野屋のお勧め

●有機JASあきたこまち（秋田県大潟村産 大潟カントリーエレベータ公社）

秋田県大潟村は八郎潟の干拓で生まれた名品種「あきたこまち」の古里（ふるさと）です。便利な無洗米もあります。

●特別栽培 魚沼コシヒカリ
（新潟県魚沼産 サンライス魚沼）

新潟県魚沼は「コシヒカリ」の本場です。保存も雪を利用した最新貯蔵施設です。農薬、化学肥料を８割削減。有機肥料を使用して栽培しています。少量ずつご利用いただくために２キロの小袋入り。玄米、胚芽米、白米があります。

一粒の麦は世界を変えました

——小麦は、粒から粉へと加工することで世界の主食になりました

【小麦粉とパン】

麦には小麦（wheat）大麦（barley）ライ麦（rey）などがあります。米、トウモロコシと並ぶ世界三大穀物の一つです。小麦は人類が最初に食料として育てた作物です。発祥の地である中近東から地中海地域、ヨーロッパ、アジア、後にアメリカ、オーストラリアなどへ広まりました。世界の主食ともいえます。

小麦は硬い外皮に覆われています。米のように粒そのままでは、今のような主要な食料にはなりませんでした。小麦は、粒から粉へと加工されることで、人類の重要な穀物として世界を変えました。その製粉技術は長年の試行錯誤で確立されたのです。古代から製粉には風車（windmill）や水車（watermill）を利用しました。英語で工場のことをミル（mill 製粉所）というのは、製粉が人類最古の工業だった証拠です。

粒から粉になり、小麦粉は世界各地でさまざまな食文化をつくりました。代表的なものがパンでしょう。パンは小麦粉、水、塩、そして酵母からつくられます。酵母の利用がなされなかった古代文明では、小麦粉を水で練って焼いた無発酵パンをつくっていました。酵母を利用し、発酵してふくらますことで、パンは世界の主食になりました。中でも発酵パンは地域と酵母の種類で多種多様になりました。さらに小麦粉の利用では、イタリアのパスタ、中国の餃子、

シュウマイ。日本ではうどんなどの麺、お好み焼きなどの粉物、麩、和菓子などの菓子に利用されています。

小麦の種類は含まれるグルテン（タンパク質の一種）の量で変わります。グルテンの量が多い硬質小麦は強力粉となり、主にパン、ピザ、中華麺などに使われます。グルテンの量が少ない軟質小麦は薄力粉となり、菓子、てんぷら粉などに使われます。グルテン量が中間の小麦粉は中力粉と呼ばれ、日本で主に使用されてきた小麦粉です。昔は「うどん粉」と呼んでいました。日本でも、北海道で栽培される小麦の多くは強力粉と薄力粉になります。北海道は気候、風土がヨーロッパや大陸に近いため、硬質、軟質小麦の栽培が可能なのです。熊野屋では安心できる美味しい国産小麦粉のみ販売しています。

毎日食べるパンは安全安心、美味しいが一番

天然酵母パン

酵母は英語でイースト（yeast）と言います。発酵パンには必ず酵母（イースト）が必要です。酵母は自然環境に広く分布しています。伝統的なパンづくりでは果物、穀物などの酵母が利用されます。例えばブドウ、ライ麦酵母などです。天然酵母の意味は自然環境から酵母を採取する、培養する、自分で育てるなどの意味での酵母のことです。言葉としては自家培養酵母と呼ぶほうが正確かもしれません。一方、多くの市販のパン製造にはイーストを培養する「餌」として

熊野屋のお勧め

◉国産小麦粉

●南部地粉（国産中力粉）
（岩手県花巻 岩手阿部製粉）

貴重な岩手県産小麦粉です。中力粉ですがパンにしても美味しく、我が家の地粉使用のお好み焼きは最高。

●北海道産小麦粉（国産薄力粉と国産強力粉）（北海道 横山製粉）

北海道では良質な薄力粉と強力粉がつくられています。穀物の自給力の向上のためにも利用しましょう。

イーストフードという食品添加物が利用されます。天然酵母を培養して、安定的に利用するには、かなりの技術と経験が必要です。そのため、機械化された大量生産のパンづくりには使用されません。最近増えている手づくりパン屋さんの無添加パンも注意する点があります。なにが無添加なのか、どのような酵母か、使用する原料の確認をしましょう。

家庭でのパンづくりでは、「ミックス粉」というパン焼き機器メーカーや製パン業者の専用粉が利用されることが多いようです。機器で簡単にパンづくりができるように、小麦粉以外にもさまざまな副材料をミックスしたものです。例えば、砂糖、食塩、ベーキングパウダー、ブドウ糖乳化剤、香料、着色料、安定剤などを使っています。せっかく家庭でつくるのですから、できるだけシンプルな材料で、安心できるパンづくりをしましょう。パンづくりはつくり方だけでなく、その材料の知識、良質な原料の選択も大切です。

熊野屋のお勧め

◉天然酵母（自家培養酵母）パン

●北海道産小麦粉使用の食パンといろいろなパン（大阪府岸和田 タマヤ）

タマヤの田中さんは北海道の生産者と協力して良質の小麦を確保。国産小麦で無添加で美味しいパンづくりをしています。イーストは白神酵母と自社培養酵母を使用。タマヤの食パンは毎日でも食べあきません。

塩味と甘味という基本

——食事や食物、調味のもとです

【塩と砂糖】

美味しさの基本構成は五味と呼ばれる基本味から成り立ちます。一番塩味と二番甘味、三番酸味、四番苦味、そして五番にうま味。そのほかに辛味、渋味もあります。基本の味、とくに塩と砂糖は重要です。

「健康志向」もあって、現代では塩と砂糖の摂取は、あまり良いこととは考えられません。当然、大量の摂取は問題です。しかし、摂取量の問題はすべての食事と食物に関わることです。塩と砂糖のみで解決することはありません。身近でありながら誤解も多い食品ではないでしょうか。塩と砂糖に関しては、正しい知識と情報をもち、単眼的でなく、複眼、総合的な見方が必要です。

生物にとって、塩（ナトリウム）は必需品です。江戸時代に起きた飢饉の原因の一つは食塩

不足によるものともいわれます。日本は米が主食で、植物性食品を主体にした食生活が続いてきました。動物性食品が主体の海外とは違い、生命維持のために塩は必要でした。過去の歴史からみると、塩味嗜好の国民なのです。

一方で甘味は人にとって生存、活動などのエネルギー源として必要ですが、塩と違って生命に関わることはありません。ただ甘味は人の活動源のみでなく、精神面での安定、例えばストレスの緩和に役立つといわれます。甘味嗜好が強いほど文明度が高いとも言われます。また、食品としての塩と砂糖の重要性は、食事での利用だけでなく、人類が培ってきた食品の保存、加工の技術のうえでも重要な役割があります。

◉塩（自然塩）

塩は人の命と深い繋がりがあると共に、信仰の際のお清めにも、経済活動での貨幣や給料にもなりました。ラテン語のSal（サル）は塩、古代ローマでは兵士の給料が塩で支払われ、英語のSalary「サラリー」になりました。働いて給料をもらう人は「サラリーマン」です。塩は太古から人にとって重要な食品です。

自然塩または天然塩などの言葉は、商品名に使用できません。学術的な用語でもありません。塩は一九九七年に専売制度が廃止され、二〇〇二年に販売が自由になるまでは国の専売品でした。製塩法はイオン交換樹脂膜を利用した純度の高い塩化ナトリウムの製造でした。精製塩と呼ばれたため、一方で自然塩のような言葉が生まれました。日本は海に囲まれ国土も狭く、外国のように簡単に岩塩や天日塩が得られません。製塩も海水からの時間と労力の掛かる「入浜式」「流下式」などの塩田でつくられてきました。

奥能登にある揚げ浜式と呼ばれる古式塩田で経験したことがありますが、塩づくりは大変な労働です。塩づくりの工業化は重労働を減らし、コストを下げることに貢献しました。しかし、食品としての風味など、塩の魅力は失われました。

熊野屋のお勧め

◉自然塩

●白いダイヤ　郷海（さとみ）の塩　にがり
（新潟県村上市 ミネラル工房）

日本海のキレイな海水を新潟村上で熱血漢の富樫さんが思いを込めてつくります。人生塩一筋の人です。

●ごとうの自然海塩
（長崎県松浦郡上五島 五島塩の会）

東シナ海のキレイな海水を汲み上げ、本物で美味しい塩づくりを目指す、五島の島人の手づくり海塩です。

●土佐の天日干し海塩
（高知県黒潮町 土佐のあまみ屋）

太平洋の潮を、火力を使わず、天日だけで結晶させた塩です。小島さんが自然と人と時間でつくります。

塩は海水から得られることから、日本では海の「潮」も「しほ」と呼びます。潮は塩味だけでなく「にがり」や「ミネラル」などのいわゆる不純物も含みます。この不純物が微妙に味に影響するのです。自然塩と呼ばれる海水塩には不思議な甘味さえ感じます。当然、微量な「ミネラル」を無理して塩から得る必要はありませんが、海の成分はできればそのまま食事や食品として得ることは理にかないます。味噌、醤油、漬物、ハムソーセージ、梅干などの食品加工は塩がなければつくれません。食品づくりで減塩を過度に強調するのは、添加物を利用して原料の質の悪さを「ごまかす」ためでしょう。健康志向の消費者向けに販売広告で利用される場合も多く見られます。減塩は良質な材料や基本調味料を利用して、調理で工夫したいものです。

◉砂糖

砂糖は健康情報の中でも悪者になる場合が多い食品です。なぜでしょうか？

ここでは砂糖の基本知識と情報をわかりやすくQ&Aにしてみました。

Q：砂糖は何からつくりますか？

A：植物です。原料はサトウキビ、ビート（テンサイまたは砂糖大根）、カエデなどです。砂糖の主成分はショ糖です。ショ糖は天然の甘味です。ショ糖を植物から取り出し結晶させたのが砂糖です。カナダ、アメリカ東部ではカエデからメープルシロップをつくり砂糖と同じように利用します。

Q：白い砂糖は体に悪く、黒い砂糖は良い？

A：色の違いで良い悪いはありません。白砂糖、黒糖など、そのつくり方とそれぞれの商品知識が必要です。

Q：砂糖のつくり方と種類は？

A：原料の植物から砂糖がつくられます。主な砂糖の簡単な製造法と特色、味の違いを説明しましょう。

黒砂糖：原料はサトウキビです。製造時に蜜を残してつくる含蜜糖（がんみつとう）が黒糖です。黒糖の糖蜜にはショ糖以外の成分（ミネラル、カルシュウムなど）が約一五～二〇％あります。甘味と香りも強く味も個性があり、食事や加工食品にはその風味が生かされます。沖縄の豚角煮やカリントウのような黒糖菓子です。

白砂糖（上白糖）：一般に使用される砂糖の約半分以上が白砂糖です。分蜜糖という蜜を抜いてから洗浄、溶解し真空結晶したものです。純度が高く、さまざまな料理や食品に使用されます。白いことで漂白されたと間違われますが、結晶化という方法です。ちなみに白色は無色透明の結晶が光の乱反射で白くみえるのです。雪の白さと同じです。生産量も多く需要も多いため、値段も安くさまざまな加工に利用されます。

グラニュー糖：白砂糖より結晶がキレイで、サラサラとして、味は淡白、上品な甘さが特色です。純度も高く、素材の味を生かす料理や菓子づくりに利用されます。角砂糖はグラニュー糖を固めてつくられます。

三温糖：誤解の多い砂糖といえます。理由は自然食や健康食といわれる商品の中で「良い」砂糖として販売されることが多いからです。分蜜された糖蜜から製造されます。原料は上質の砂糖をつくった残り液です。色素、その他の不純物が含まれるため、再度、結晶化をすることで黄褐色の純度の低い三温糖ができます。「砂糖をつくるのに三回加熱（温）する砂糖」の意味から名づけられたようです。生産量が少ない三温糖は特殊な販売などで値段は高くなっていま

岡田製糖所（徳島県上坂町）

す。栄養面でも特別に優れているという理由はありません。

つぎは砂糖をめぐる健康情報についてのQ&Aです。

Q：砂糖を摂ると太る？

A：人が必要なエネルギーのためには、食事や食品（ごはんやパン、砂糖も含め）からカロリーを摂取する必要があります。一方、消費カロリーが少なければバランスが崩れます。摂取カロリーオーバーです。

エネルギー消費量は人でも個人差、年齢、労働、運動量で違います。「バランスのとれた食事」が大切であり、砂糖のみで太ることはありません。肥満の問題は甘いもの好きだから、だけではないのです。

Q：砂糖は酸性食品？

A：食品の酸性、アルカリ性をめぐる理論は、現在では誤りであると結論づけられています。いまだにマスコミや商品販売で使われるのは正確な知識と情報が不足しているからでしょう。

ある食品を空気中で完全燃焼して残る灰に酸性、アルカリ性の反応が出るのは科学的な事実です。しかし、灰分が酸性、アルカリ性だからといって、食品が人体に摂り込まれることで人が酸性やアルカリ性になることはありません。人の体は常に一定のPH（酸性・アルカリ性の指標）を保つようになっています。病気があれば別ですが、普通は人が食べた物で体液が酸性、アルカリ性に変化することはありません。ちなみに、実験によれば砂糖は中性です。

Q：「砂糖不使用」に使われる甘味料とは？

A：近年、砂糖やカロリー摂取を避ける方法として、「砂糖不使用」表示の食品に人工甘味料が使われています。さまざまな種類が開発され利用されていますが、一部には安全性の不安もあります。使用量や常用性も問題です。

熊野屋のお勧め

◉砂糖

●黒糖かち割りタイプ　粉タイプ（沖縄県那覇市田原 花ぐすく〔花城〕）
花ぐすくは沖縄伝統料理と菓子をつくる店です。花ぐすくで使用の品質の良い黒糖を特別に熊野屋で販売しています。黒糖ですが色は淡く、味も風味も最高です。質の悪い黒糖は味にいやなエグミなどが残ります。

●和三盆糖（和三盆糖　あられ糖　和三盆お干菓子）（徳島県上板町 岡田製糖所）
徳島県吉野川の中流域、阿讃山地南斜面に18世紀から続く伝統の和三盆づくりの製糖所があります。当主の岡田さんとは長年のお付き合いがあり、幾度か製糖所をお訪ねしています。岡田製糖所のすごさは原材料（竹蔗）の栽培、製糖、販売まですべて一貫して伝統を受け継いでいるところです。和三盆の製糖法は時間と手間のかかる作業です。和三盆糖の甘味は上品な味、香りをもち、舌の上でとろけるその風味は日本一、いや世界一の味です。岡田製糖所で果物にふりかけて味わった和三盆糖の味は忘れられません。

●極微粒グラニュー糖（北尾）（京都市下京区七条 北尾）
創業文久２年の砂糖穀物問屋の砂糖です。北尾さんは京都の伝統のなかで一流の品質を求め続けてきた人です。人気の黒豆製品と京の菓子文化を素材から支えています。このグラニュー糖は最高品質です。

●生成り糖（種子島産耕地粗糖）（鹿児島県熊毛郡種子島 新光糖業）
輸入原料でなく、原産地での原料糖加工品です。分蜜糖ですが、原料糖ですので砂糖本来の風味が残り、また黒糖より強い香りも少なく、料理の煮物などには味に深みが出て、珈琲用にも使えます。

【コラム】消費者と食品価格

食品の値段だけみて買っていませんか？

数字は物事を判断する際、一番わかりやすい基準です。親しい海産物の生産者の話ですが、あるスーパーのバイヤーから「お客は商品の内容よりまず値段を見る。数メートルの距離の間の値段で一番安い商品を選択する。だから一番安い価格で納品しろ」と強要されたと聞きました。

一方、あるデパートの果物専門店での話です。国産果汁の葡萄ジュースが贈答用として熊野屋の販売価格の倍の価格で販売されていました。不思議に思い、製造者に問い合わせました。価格の理由は「デパートでの贈答品の多くは送り主は値段で決める。一般で販売されているような値段では価値がないように思われる。デパート用は製品の内容は同じでも、容器やラベルのデザイン、デパートの包装紙が別である」との説明でした。日本がバブル期、個人の贈答より会社関係、お義理の贈答が主力であった時代は、この店は東京、名古屋、大阪で繁盛していました。しかし、今は閉店しました。一方、親しい海産物の生産者は品質で販売する道を選び、低価格志向のスーパーとの取引をやめました。今は家族で消費者に直接、品質を説明して販売しています。

西日本新聞社が「食卓の向こう側」という掲載記事を『価格の向こう側』（西日本新聞社）という冊子にして「消費者としても食品の価格を真摯に考えるべき」と訴える記事を読みました。

現代の食と食品の生産、流通、消費の現場の実情を取材し、生産者、流通者だけではなく、消費者の側の問題点もとりあげた報告でもあり、考えさせられる内容です。少し要約して紹介します。

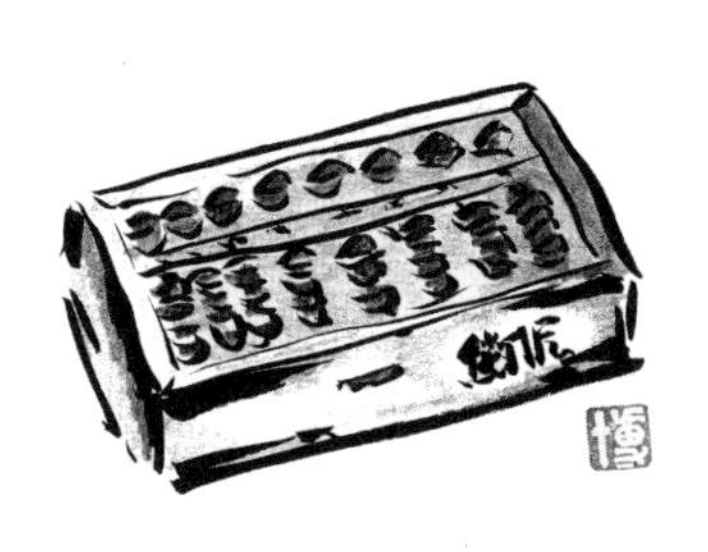

「食品の向こう側」の製造者、流通者、消費者の姿は一九七〇年の大阪万博以降大きく変化した。食のバラエティ化、外部化が進み、二十世紀の終わりには、日本ではいつでも、どこでも、どのような食品でも、値段も安く、簡単に手に入るようになった。一方、消費者の中には賞味期限が表示されていないと「食べられるか」見極められない人、安全はつくる側、売る側に求めるばかりの人、安いからと買いだめして冷蔵庫で腐らせる人、買い物の無駄や食べ方を見直せない人が多くなった。消費者の安い食品や簡便な食品を求めることは、添加物を駆使してつくられる安い既製品を増やすことになる。消費者の一円でも安く買おうと大切な食品の値段を削って、手にいれる行為は、食費を減らす生活防衛だけではないようだ。ある食卓調査の結果は、多くの食費の節約の目的が消費者のレジャー費、洋服代、携帯電話の通信費などにあると報告している。価格の安さを求めることは価格競争をよび「食卓の向こう側」にいる人々が、食べてゆけない、生活ができないような状況をも生むことがある。食生活の質の向上を考えるならば、せめて基本調味料など価格は高くても良質のものを使う。季節はずれの野菜や果物を求めるのでなく、旬の野菜などを求めれば、味も良く値段も安い。少し時間を使い食生活に手間と工夫をする。安いものをたくさんでなく、上質な食品を丁寧に大切に使い、おいしく利用すれば自分や家族で食の感動が味わえる。

まじめに食品づくりに取り組む人が食べてゆけない、生活ができないような国では国民の健康も豊かさもありません。良い食品の第四の条件は「品質に応じて価格が妥当なこと」です。消費者も「食卓の向こう側」にいる食品をつくる、販売する人々のことも想像し、食品の品質(価値)を見極め、価格が妥当で道理があるならば、良質な食品を「買って守る」意識を持ちたいものです。

良い食品物語 2

お茶とお菓子の奥深い世界

熊野屋の大切にしたいクオリティフードとクオリティライフ。
日々の暮らしのなかで、大切にしたい貴重な時間。
心のゆとりと密接に関係するお茶とお菓子の話です。

知っているようで、知らない日本茶
——緑の日本茶、赤のウーロン茶、黒の紅茶、すべて「茶の木」からつくられます

【日本茶】

お茶はペットボトルで、という感覚が普通になってきました。仕事、旅行、そして家庭内でも利用されています。確かに外出時や会議、打ち合わせの場面では、一人一本なので簡単便利です。でも、お茶（日本茶、紅茶、コーヒーも）を飲む行為は、ただノドを潤すためではありません。

お茶はすべて茶の木（チャノキ）という植物からつくられます。植物名はカメリア・シネンシス（ツバキ科ツバキ属常緑樹）です。現在の中国四川省、雲南省地方の野生の植物です。この地方の少数民族が茶の葉を食べ、飲み物として利用していたようです。紀元前二千七百年頃の中国の神話にも登場し、長い歴史のなかで、仏教伝来と共に日本に伝わりました。日本茶、ウーロン茶、そして紅茶はすべて一本の茶の木から始まっているのです。長い歴史の中で伝わってきた土地でのつくり方、飲み方などが、さまざまに変化し、現代に伝わっているのです。お茶は茶の木から茶葉を摘み、さまざまに加工します。

茶葉の加工の違いから、大きくわけると、茶葉を醗酵させない不醗酵茶（茶葉が緑色系の日本茶）半分ほど醗酵させる半醗酵茶（茶葉が赤色系のウーロン茶）、完全に醗酵させる醗酵茶（茶葉が黒色系の紅茶）です。当然、三つの種類

に完全に分けられないお茶もあります。日本茶の話からはじめましょう。

日本茶の歴史は古いです。奈良時代に伝わった茶は茶葉を加工し、固めた塊（かたまり）のような団茶（だんちゃ）または餅茶（もちちゃ）と呼ばれるお茶でした。京都、宇治の山奥深く、滋賀県朝宮（あさみや）の地は、平安時代、伝教大師最澄（でんきょうだいしさいちょう）が中国からの茶種を植えたという古い土地です。朝宮茶は日本最古の茶とも言われています。

一般的に日本茶は、茶祖と呼ばれる京都、建仁寺の開祖栄西禅師（えいさいぜんじ）が鎌倉時代に、茶の木の栽培を奨励し、今の抹茶の形で喫茶の法を普及したことから広がったようです。栄西禅師は「喫茶養生記（きっさようじょうき）」に、「茶は養生の仙薬・延齢の妙術である」と記し、茶種を九州筑前の背振山（せふりさん）に植え、京都栂ノ尾（とがのお）の高山寺の明恵上人（みょうえしょうにん）にも贈られました。紅葉の名所、京都高山寺には日本最初の茶園が復元されています。明恵上人は洛南の宇治の地にも茶園を広め、今の宇治茶の原型となりました。その後、織田信長から豊臣秀吉と権力者の庇護のもと、千利休などの茶道の文化が加わります。明治時代前期には日本茶は海外への重要な輸出品となりました。その後、海外での需要が紅茶に移って輸出が減りますが、日本国内では茶の需要が増え、大正末期から昭和初期にはいろいろな日本茶が日常の飲料として根づいたようです。案外、新しい飲み物ですね。

多くの日本茶はつくる時に茶葉を醗酵させません。茶の醗酵とは、どういうことでしょうか。茶の葉は摘みとると酵素の働きで色が緑から赤く変わり、醗酵、酸化がはじまります。緑茶と呼ばれる「煎茶」は茶葉を摘みとり、蒸す、もむ、乾燥などの工程をへて、醗酵をとめる方法で加工します。それゆえ、緑色の茶葉になります。抹茶は特殊栽培（直射日光を避ける）でうま味を凝縮した茶葉を加工。もむ工程はありませんが、石臼などで粉にします。黄緑色のきれいな「抹茶」になります。

茶葉または茎を加工し強火で炒って香りを良くしたのが茶色の「ほうじ茶」。その他、「緑茶」に炒った玄米をいれた「玄米茶」などがあります。収穫時期の一番から四番摘みまでの茶葉で、さまざまな種類と数多くの商品がつくられます。日本茶は種類が多く、わかりにくいと言われる原因では、と思います。

お茶の販売では、茶葉はブレンドされます。いろいろな条件で商品と値段が決まります。製品を美味しくするために茶葉をブレンドするのか？ 値段を安くするためか？ 利益のためのブレンドか？ 消費者は知ることができません。ペットボトルに入った日本茶は品質の劣る茶葉や輸入茶葉も使用されます。保存料のアスコルビン酸（表示：ビタミンC）とゴミになる容器、果汁よりも割高な価格など、多くの問題を含みます。日本茶の未来が心配です。

日本茶を楽しむ、という意味は、日本の風土と伝統でつくられた日本茶の持つ滋味、旨み、渋さもふくめて深く味わうということです。つまり、ペットボトルなどで飲料として飲むだけではなく、お茶を飲むこと、そのことで暮らしの中であたたかさ、やさしさ、なごみなどを感じることが大切と思います。

新茶と晩茶（番茶）

日本茶のなかでも緑茶（煎茶）は、生産・流通量も多く、約七割を占めます。煎茶でその年の春、最初に摘む茶葉でつくるお茶が新茶です。一番茶とも呼ばれます。日本人は初物が大好きです。冬から春への季節の変化、旬を感じる新茶はさわやかな味わいと共に、特別美味しく感じるお茶です。

晩茶（番茶）は新茶に対して朝晩の晩（一日の終わりとして）、または茶葉を摘む順番（三、四番等）の意味を持つお茶です。一般には値段の高い煎茶に対して、産地や品質で値段も安い低級品を晩茶として販売している製品もあるようです。しかし、本来の晩茶には、新茶にない良い点があるのです。新茶にあるカフェインが晩茶では少なくなり、味も淡白でさっぱりとしています。昔から幼児と老人には晩茶が良いと言われます。それは刺激の少ないやさしいお茶だからです。

棒茶（ぼうちゃ）と深蒸し（ふかむし）茶

煎茶は茶葉を利用しますが、茶の茎を利用してお茶にするのが茎茶と呼ばれます。茎茶にも緑色系と茶色系の二種あります。棒茶は茎を焙じた茶色系の茶です。金沢を中心とする北陸、加賀地域では加賀棒茶として特別にこの棒茶を好みます。加賀市の丸谷さんはこの伝統の加賀棒茶を加賀の文化の一つとして、広く知ってもらうように人一倍努力されている方です。丁寧に上質の茎のみを焙煎し、快い香りと澄みきった味の加賀棒茶は、お湯だけでなく、冷水で出しても美味しいほうじ茶です。

深蒸し茶は比較的新しいお茶です。昭和三十年代から四十年代にかけて静岡県の牧野ヶ原地域でつくられ始めたといわれます。緑茶である

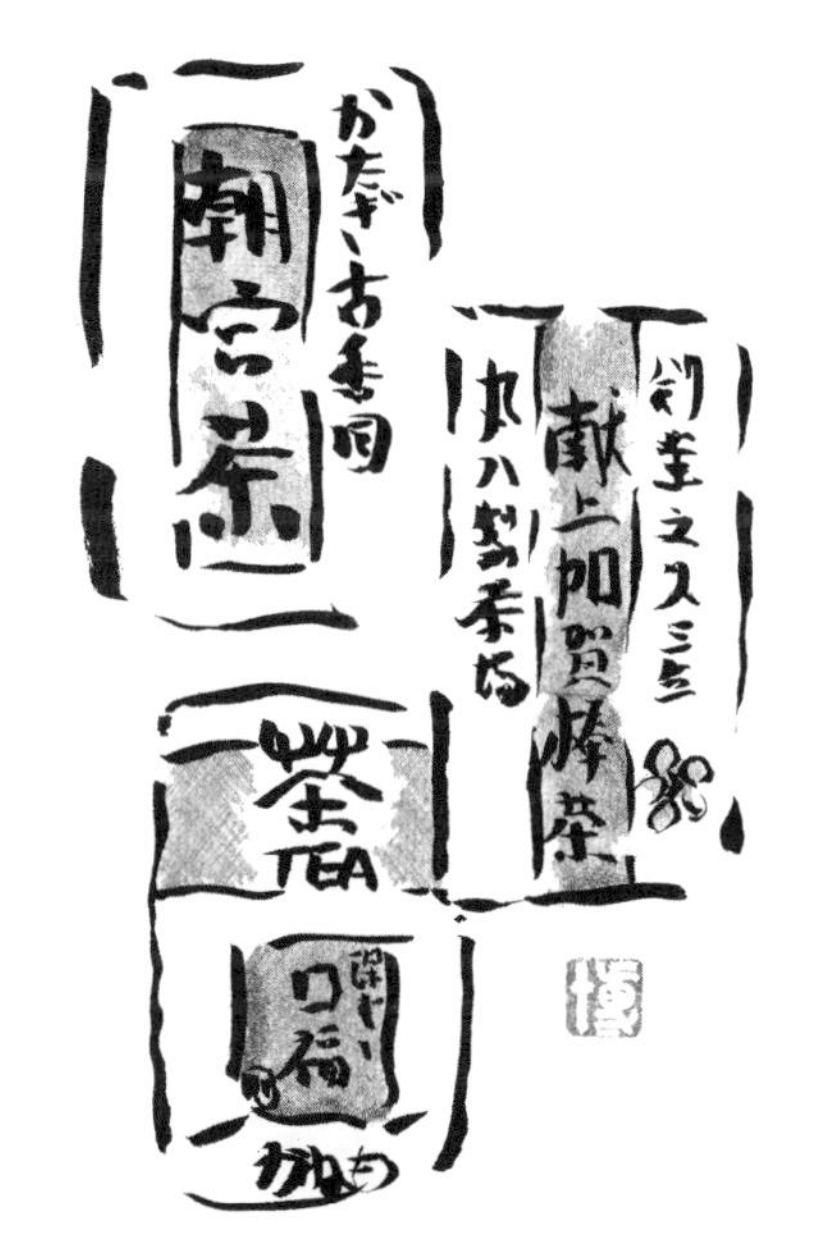

煎茶の一種ですが、深蒸しという通常の二〜三倍の時間をかけて蒸すことで、茶葉を柔らかく、味が出やすいように加工します。粉に近いため、湯にも溶けやすく、味、栄養分も簡単に出て、色はきれいな黄緑色で濃い味が特徴です。従来の伝統的な煎茶のように幾度か回数を重ねて香りや味を楽しむお茶とは違います。今風のお茶ともいえます。各地でも生産が増えているお茶です。

熊野屋のお勧め

◉新茶と晩茶（番茶）

●無農薬で有機栽培を実践するお茶農家の茶（滋賀県紫香楽朝宮 かたぎ古香園）

５月の新茶の一番摘みから四番摘み番茶まで、茶葉の特色に合う製品をつくっています。自家茶園ならではの、ごまかしのない、リーズナブルな価格のお茶。農薬を使用しないお茶づくりは重労働ですが、貴重です。

◉棒茶と深蒸し茶

●加賀の文化　加賀棒茶
（石川県加賀市 丸八製茶場）

加賀市にある丸八製茶場は、みどり豊かな木漏れ日のなかの製茶場です。また金沢の東山にある茶房「一笑」は、金沢建築の文化と情緒が味わえる落ち着いた茶房です。加賀棒茶は冬熱く、夏は冷たく、両方楽しめます。

●深蒸し茶（静岡県掛川市 かねも）

掛川城の城下、創業 1872 年の「かねも」角替さんのお茶の味にこだわる姿勢は特別です。温暖な静岡地域を代表するお茶です。銘柄「口福と茶けむり」は、皆さんから「特別に美味しい」と評価されています。

イギリス人は紅茶を薬として飲んでいた

――中国の茶「テ」は英国で「ティ」になり「ティタイム」が生まれました

【紅茶】

現代のようなインターネットで情報を得る手段がない時代、食べ物の世界では初めて出会った食品の利用法がわからず、間違った使い方をしていたようです。日本では、イギリスは伝統的に紅茶の文化があると思われていますが、どうも違うようです。十七世紀に東インド会社から中国の茶が輸入された当時は価格の安い中国緑茶が多く、後にイギリス人の嗜好にあう紅茶に需要が移ったというのです。しかも茶の飲み方がわからず、最初は煎じて薬のように利用されました。今の紅茶文化は砂糖とミルクが紅茶に利用され、十九世紀の産業革命で繁栄の時代を迎えたことがはじまりです。貴族から勤労者まで紅茶を飲む風習が広がりました。長い年月をかけてモーニング、アフタヌーンティなどの紅茶文化が完成したのです。ただ国民一人当たりの消費量は二〇〇八年には隣国アイルランドに抜かれ、今はコーヒーなどの他の飲料が増えています。

イギリスの国民的飲料である紅茶。茶葉の供給先は中国から自国の植民地であったインド、セイロン（スリランカ）、アフリカまで広がり、それらは現在主要な紅茶の産地になっています。有名なダージリン、アッサム、ウバ、ケニアなど、紅茶は産地の気候、風土で色、味、香りに個性があります。紅茶は農産物のため、茶葉の品質は自然条件の変化で作柄が変わります。そのため、良い紅茶の条件には、原料茶葉の買い付け技術とブレンド技術が必要です。
日本では紅茶もペットボトルに入れた商品が多くなりました。茶葉の品質や抽出量も劣り、紅茶の変色を防ぐ、酸化防止剤など添加物が使われています。残念なことですね。

熊野屋のお勧め

◉紅茶

●アイルランド「ビューリーズ」紅茶
（創業1840年の歴史・ビューリーズ社）

公平で公正な貿易を意味するフェアトレードの下に、品質の良い美味しい紅茶を製造しています。首都ダブリンのビューリーズカフェは名店として名高く、作家ジェームス・ジョイス、イエーツなど文化人が愛したカフェです。

紅茶とたまごやさんのかすていら

世界で最も愛される飲み物

――珈琲とは「悪魔の如く黒く、地獄の如く熱く、恋の如く甘い」（仲田定之助「明治商売往来」から）

【珈琲（コーヒー）】

コーヒーはコーヒーの木の実からつくられます。グリーンビーンズと呼ばれる生豆は、煎る（焙煎）ことで芳香と苦味、そして水を通して味と香りが引きだされます。黒くて苦くて、熱して熱く、砂糖やミルクで甘くなる不思議な飲み物です。

コーヒーの故郷はアフリカエチオピアとも、アラブとも言われ、羊飼いのカルディさんが羊たちの食べる木の実に不思議な力があることに気がつき、修道院の僧の眠気覚ましに使われたという逸話があります。アラビア語で酒は「カファ」。イスラム教では酒を禁じたため、神秘的な味と香りのコーヒーが酒の代わりでした。

その後、トルコで「カーフェ」、ラテン語で「コフェア」としてヨーロッパ各地に広がりました。

黒くてカフェインの作用で神経を刺激し、興奮もさせる魅力的な飲み物は、今では世界で最も愛される嗜好飲料になっています。

コーヒーを飲むためには、豆の収穫、焙煎【ロースト】、配合【ブレンド】、粉砕【グラインディング】、水や湯での抽出が必要です。美味しいコーヒーを飲むためには条件があります。一番は豆の品質。原産地での豆の収穫後、残り四つの工程でも味に差がつきます。豆の選別、焙煎や粉砕でのていねいな作業、そして、ごま

澤井コーヒー本店（名古屋市）

かしのないブレンド。美味しい珈琲を求める人の「珈琲道」ともいえる嗜好の極みの世界です。コーヒーはヨーロッパへと伝わり、単なる飲料以上の役割をもつことになりました。一六四五年イタリア、ベネチアのサンマルコ広場にできた世界初のカフェ「フローリアン」、一六八九年創業のパリの「プロコップ」は今でも同じ場所で同じ雰囲気を残す店です。日本でも明治時代以降、喫茶店として各地に広がり、人々の癒しや交流の場にもなっています。珈琲は嗜好飲料の役割とは別の役割も担っているのです。

熊野屋のお勧め

◉珈琲（コーヒー）

・有機無農薬栽培コーヒー
（愛知県長久手 オキノ）

沖野さんは有機栽培の珈琲での先駆者です。インスタント、ドリップオン、リキッドコーヒーもあります。

・熊野屋オリジナルブレンドコーヒー
（名古屋市東区 澤井コーヒー本店）

熊野屋のオリジナルブレンドです。マイルドとストロングの二種あります。飲みあきない味が自慢です。

・名古屋発フェアトレードコーヒー
（名古屋市西区 斉藤コーヒー）

原料のコーヒー豆は、フェアトレード。名古屋市は2015年からフェアトレードタウンの認定都市です。

・自然栽培アフリカウガンダ産コーヒー
（名古屋市中川区 クリスタル）

無農薬自然栽培のウガンダ産コーヒーです。アフリカは未来のある大地です。NPOとの協力で住民の生活をサポート。

バラエティ豊かな和菓子たち

——日本人は長い歴史と豊かな風土、四季の変化のなかで、さまざまな菓子づくりをしてきました

【和菓子】

おやつにしましょう

おやつとは「(八つ時にたべることから) 午後の間食」(『広辞苑』)という意味です。

昔の「八つ時」とは、今の午後二時ごろ。現在で言えば、午前十時や午後三時にある休憩時間のようなものにあたります。世界の人々にとっても食事以外で、仕事の合間や一日の終わりにリラックスする時間は大切ですね。そしてお茶と一緒にお菓子やお茶うけがあれば、なお良いと思います。イギリスのアフタヌーンティには紅茶にスコーン、アメリカではスナックタイムにコーヒーとドーナッツ。最近は北欧デンマーク発祥の「ヒュッゲ」とよばれるお茶とお菓子の「ほっこりタイム」が人気です。

ほっこりとお菓子の物語や逸話をお聞きください。まずはバラエティ豊かな和菓子から。

和菓子は中国から伝わった食物が日本で独自の変化と発展をしたようです。例えばまんじゅう、ようかん、など、現代の中国にはない、日本のお菓子といえます。また、南蛮菓子、唐菓子と呼ばれるような、海外から伝わってきて日本の菓子に仲間入りした菓子もあります。

饅頭

日本の和菓子は饅頭から始まったと言われます。京都、臨済宗東福寺の祖、聖一国師が宋から伝えたといわれ、道元禅師の「正法眼蔵」にも饅頭という語がみられます。今の酒饅頭の製法で、中の具は肉や野菜の入った食物のようでした。その後、京都、建仁寺禅僧が中国から連れ帰った林浄因が皮に小麦粉を使用。具には当時輸入品の貴重な砂糖を使い、小豆のこし餡をいれた今の饅頭の原型をつくりました。

江戸時代には饅頭文化が花開き、参勤交代制度が各地に饅頭を広めたようです。今でも日本各地に名物まんじゅうがたくさん残っています。味噌、酒、茶、栗、黒糖、また日本風の中華まんなど百花繚乱です。

羊羹

中国での羊羹とは羹（あつもの）と呼ばれる肉や魚などを入れた熱い汁物でした。中国から禅僧が伝え、寺では肉食習慣がなかったため、具は植物系に置き換わり、汁もなくなりました。その後、甘葛や砂糖が利用され、甘い菓子に変化しました。つくり方も蒸し菓子の製法でしたが、江戸時代に寒天の製造が始まり、寒天を使った「練り羊羹」に変化したようです。関西では「蒸し羊羹」も丁稚羊羹などで残っています。

信州、小布施は栗の名産地です。初代から約二百年続く桜井家がつくる、材料が栗と砂糖と寒天のみの栗羊羹があります。小豆でつくる羊羹は日本各地に多くありますが、栗が主原料の羊羹は小布施の味です。

栗の味を一年中楽しめます。羊羹は菓子の中でも保存性が良く、不意のお客さまや、甘いものがほしい時のために、一棹、家に常備しておきたい菓子のひとつと思います。

大福もち

お餅はお正月だけの主役ではありません。一年中、あるいは季節ごとのお菓子の主役です。

田中さん親子の手づくり饅頭

神様、仏様に供える鏡もち。そして、私たち日本人は春には桜餅、節句の柏餅、夏の笹もち、秋の栃もち、そして一年をとおして大福もち、丸くしてお団子と、餅はたえず身近にあることに気がつかされます。

餅菓子の中でも庶民にとり、名前といい、姿といい、親しみのある大福もちは餅菓子の人気者。

その昔は腹太餅（はらぶともち）とも言われたそうで、餅皮の中に「あんこ」が入った福々しい餅は甘党には魅力的な菓子です。最近では果物を入れたフルーツ大福や生クリームを入れた洋風大福もあります。大阪の和菓子屋、友人の村島君は厳選した材料と職人技、彼の和と洋の両センスを生かした新感覚の和菓子づくりをします。

銅鑼焼き

ドラえもん、私と、我が家猫のジュンちゃんが大好物な「どらやき」の話をすこし。

奈良に行くと駅前に銅鑼焼きの店があります。奈良の三笠山になぞらえて三笠。名古屋には郷土の英雄、秀吉の千成瓢箪（せんなりひょうたん）をあしらった千成。銅鑼焼きはカステラ生地のスポンジケーキ皮に餡をはさんだお菓子です。

この和洋折衷の見事な菓子は誰をも虜にします。名前の由来は船の銅鑼（出航時に叩かれる大きな丸い鐘）の姿とも言われます。銅鑼焼き

熊野屋のお勧め

◉饅頭

●熊野屋特注の手造り饅頭
（三重県鈴鹿白子 田中観月堂）

　熊野屋で販売の国産材料などで田中さんがつくる自慢の味噌饅頭、酒饅頭など。やさしい甘さの餡が自慢。

◉羊羹

●栗ようかん。ひとくち栗ようかん（小さなサイズ）（長野県小布施 桜井甘精堂）
　甘精堂は落雁も有名です。北信濃小布施は「栗と葛飾北斎」の里です。観光で訪れるのも楽しい街。
●小倉羊羹。黒羊羹（黒糖）
（愛知県半田 松華堂菓子舗）

　松華堂菓子舗は上品な上生菓子が自慢です。小倉羊羹は品よく、甘味がやさしく、あと味の良い逸品。

◉大福もち

●季節の大福もち
（大阪市西区北掘江 村島）

　村島君の大福もちは皮は薄く、中身はしっかりと、甘すぎず、あと味の良い、厳選材料と技術の傑作です。
●桜餅　黒豆塩大福（岩手県花巻石鳥谷 芽吹き屋）
　花巻の芽吹き屋は添加物や人工着色料を使用しません。野菜を使った三色の野菜団子もおいしい菓子です。

◉銅鑼焼き

●どらの音（ね）銅鑼焼き
（青森県青森市 おきな屋）

　青函連絡船の銅鑼のイメージの「どらの音（ね）」は、本物のみりんや味噌が隠し味。それは立派な銅鑼焼きです。
●栗どら焼き
（愛知県半田市 松華堂菓子舗）

　愛知県の半田松華堂菓子舗の栗どら焼きは庶民の銅鑼焼きの上生菓子版です。我が家の猫、ジュンちゃんイチ押し。

はどこにでもある和菓子ですが、シンプルなだけに本当においしい銅鑼焼きは限られます。添加物は使わない、良い原料を使う、まじめにつくられた銅鑼焼きは本物です。

日本で生き残った古い海外菓子
南蛮菓子　カステラ

カステラのルーツは十九世紀スペインのカスティーリャ王国で生まれたといわれ、小麦粉、砂糖、卵を使った菓子です。日本にはポルトガルを経由して戦国時代の終わり頃に伝わりました。当時は一般的でなかった牛乳、バターなどを使わなくてもできたため、日本での洋菓子の先駆けといえます。

スペインで私は原型を探しましたが、今のスペインには同じ菓子はなく、カステラはどうも日本で変化、改良された洋風和菓子ではないかと考えられます。

日本は江戸時代、幕府の鎖国政策で海外から入る食物は限られていました。長崎出島の資料館には当時の食物のレプリカが展示されています。「南蛮物」と呼ばれた物珍しい菓子がありました。その代表は長崎名物のカステラ。カステラの美味しさは製造技術と原料の質で決まります。とくに大切な材料は卵。良い卵を使えばカステラづくりに添加物など不要です。

唐菓子　月餅(げっぺい)

唐菓子(からかし)とは今の中国、昔の唐の国から伝わった菓子を指します。

遣唐使によって伝来した唐菓子は八種とも十四種ともいわれ、今では日本の和菓子の原型になったものや、麺類のように別の食物に変化したものがあります。一部はほぼ同じ姿で日本に根づき、団子や小麦粉の揚げ菓子などになりました。長崎は中国大陸との距離も近く交流の歴史もあり、日本の三大中華街（横浜、神戸）と並ぶ、少し小さめの長崎中華街があります。旧暦八月十五日は中秋節と呼ぶ古代からの中国の三大節の一つです。日本の中華街でも、中国、台湾、香港と同じようにお供え物（月餅）をして祝います。お供え物であった月餅は、今では贈り物などで一年を通して食べる菓子となっています。月餅は小麦粉と豚脂等でつくるパイ皮のような生地で餡（小豆）を包み、胡麻、木の実、栗なども入れた種類も豊富な菓子です。

熊野屋のお勧め

◉カステラ

●フェルヴェールのカステラ
（富山県福岡町 フェルヴェール）

能登半島、健康卵Ⓡのセイアグリーシステムがつくるお菓子と食事の店のカステラ。最高のカステラと思います。

◉月餅

●月餅と中華菓子（唐菓子）
（長崎県長崎市中華街 蘇州林）

長崎中華街に長崎ちゃんぽん、皿うどんが名物の料理店があり、無添加の月餅と中華菓子も人気の店です。

なぜ海外の菓子は甘いのでしょうか?

――わたしたち日本人は、控えめな甘さの菓子を好むようですが……

【洋菓子】

海外からの菓子、洋菓子です。洋菓子は文明開化、明治維新後の新顔の食物です。洋菓子の製造には原料となる酪農製品（牛乳やバターなど）が必要でした。そのため日本では江戸時代まで洋菓子はありません。現代は和菓子以上に洋菓子の人気が高く、その隆盛は第二次世界大戦後、日本経済が高度成長し生活が豊かに変化した証といえます。海外の菓子と日本でつくる洋菓子では甘さがすこし違います。考えてみました。

平成三十年（二〇一八）は明治維新から百五十年です。封建国家から欧米型の先進国家への転換を急いだ明治政府は、明治天皇の頭髪、服装、食事まで大転換することで庶民の文明開化を刺激しました。

政治と経済のみでなく、西洋建築、西洋料理などすべて欧米の模倣から始めたのです。

しかし、日本人の基本的な食事、料理、そして味覚は急激には変化しませんでした。米中心の食生活は第二次世界大戦で敗戦国となり、アメリカ主導の小麦（パン）普及によるパン食革命まで変わらなかったのです。日本人の食事、料理や食品製造における味覚、とくに砂糖の利用の仕方も同じでした。食事としての西洋料理では砂糖はほとんど使用されません。塩と油や脂を多く使います。代わりに食事以外のデザート（菓子）にたっぷりと砂糖が使用されます。

一方、日本人は旨みと共に砂糖を料理や食品に利用して食事の中でも甘味を味わっているのです。すき焼き、煮魚、煮物、照り焼きなど、砂糖を使った甘辛が大好きです。日本では和洋菓子ともに、強い甘さが嫌われるようです。

バターケーキ（パウンドケーキ）

バターケーキはバターを主原料としたアメリカ人好みのケーキです。もとはイギリスでつくられたパウンドケーキがベース。パウンドケーキは材料の配合が等分（バター、砂糖、卵、小麦粉が一：一：一：一の四同割）です。イギリスで四種の材料を一ポンドずつ配合し、つくったことからパウンドケーキになりました。つくり方や味もシンプルで、ホームメードケーキとしても、木の実や果物を利用して幅広く楽しめます。シンプルなケーキだけに使用原料の良し悪しが、正直に味と風味にあらわれます。バターの代わりにマーガリンなど加工油脂や香料を使用してつくられたバターケーキはニセモノといえるのでは？

ビスケット、クッキー　そしてショートブレッド

すべて同じ焼き菓子の仲間。ビスケットはイギリス生まれの焼き菓子です。二度焼きパンの意味があり、日本ではイギリスからの輸入菓子として知られるようになりました。子供心にもかわいいと思った動物やアルファベットの型のビスケット。日本で生まれたクリーム入り赤い箱のビスコもビスケットといえます。

クッキーはアメリカの焼き菓子です。クッキーという言葉は、オランダ語からアメリカ英語になりました。

ニューヨークは初期移民たちがニューアムステルダムと呼んでいました。オランダの強い影

響のようです。

オランダの隣国ベルギーのブリュッセルにはクッキーの原型に近い菓子が百八十年過ぎた今でも手づくりされています。クッキーには、本当の手づくり品と機械製の手づくり風があります。その味と風味は別物です。

ショートブレッドはスコットランド生まれの素朴な焼き菓子です。ショートの意味は「短い」ではなく、サクサクした食感を意味します。お隣のアイルランドでもその素朴な味が好まれ人気があります。

この焼き菓子の類は小麦粉、砂糖、油脂、その他、いろいろ（卵、牛乳、レーズン、ナッツなど）の材料で膨張剤を利用して、歯切れのよい菓子に焼き上げた洋菓子です。つくり方は簡単で、子供から年配の方まで、家庭で手づくりされるホームメイド菓子の代表です。市販品を買う際は、シンプルな菓子だけに食品添加物、そして加工油脂（マーガリン、ショートニング等）を使用していない製品を選びましょう。

熊野屋のお勧め

◉バターケーキ

●ノースプレイン発酵バターケーキ
（北海道興部町ノースプレインファーム）

北海道のさわやかな発酵バターが生きている、味と風味が最高のバターケーキです。カットもあります。

◉クッキー

●りんごクッキー、胡桃クッキー
（青森県青森市 赤い林檎）

リンゴ（紅玉）や、胡桃の食感が楽しいクッキー。素朴で、シンプル。値段もリーズナブルです。

◉ショートブレッド

●ダブリンドアー（アイルランドタイプ）
（富山県福岡町 フェルヴェール）

伝統のショートブレッド。甘味を抑え材料に米などを利用。卵は健康卵Ⓡを使用。添加物は使用しません。

しょっぱいお茶うけの魅力
――日本人の「おやつ」は、甘いものだけではありません

【霰（あられ）】

甘塩、甘辛など、砂糖の「あまさ」と塩や醤油の「しょっぱさ」は表裏一体です。

東北や信州にはしょっぱいお茶うけがたくさんあります。漬物です。以前、長野県岡谷の親しい方のお宅を訪ねた時、お茶に奥様手づくりの漬物をお茶うけにいただきました。東北、山形の田舎で立ち寄ったそば屋さんでは、蕎麦を待つ間のお茶うけに漬物がありました。日本人はお茶に甘い物だけでなく、しょっぱい物もうまく取り入れて暮らしてきたのです。しょっぱい菓子について、あまい菓子のお話の終わりにします。

霰は餅を細かく切って煎り、醤油や塩、砂糖などで味をつけた米菓子です。今のように真空パックの餅がない時代、正月に残った干乾びた餅を煎って、油で揚げ、塩をふりかけて食べました。「おかき」とも呼ばれる霰です。基本の原料は糯米ですが、関東などでは粳米を粉にして、固め、形を整えて、煎る、焼く、味をつけて煎餅（せんべい）と呼びます。固い草加（そうか）煎餅が代表です。東北では小麦粉を利用した素朴な南部煎餅があります。名古屋育ちの私は、霰といえば、餅とたまり味の菓子です。たまりは醤油とは異なり、塩辛くない、まろやかな味が特色。餅とたまり

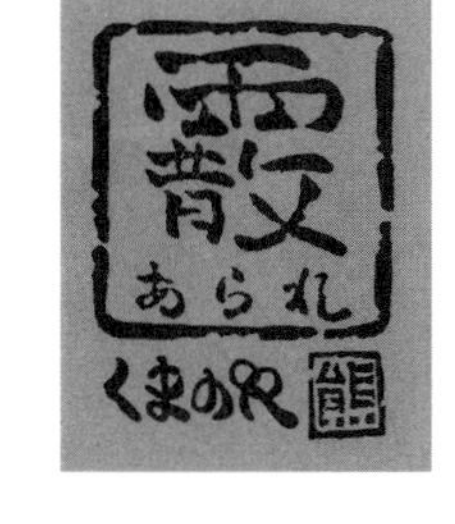

熊野屋のお勧め

◉霰（あられ）

・たまりあられ　海苔巻きあられ
（岐阜県安八郡輪之内町 濃尾あられ）

　吉田さんは伝統に忠実に糯米を搗く、煎る、天日乾燥して熊野屋の厳選調味料で味付けした特別の霰をつくります。国産の「お米」の旨みと「たまり」の旨みの霰です。最高のマリアージュともいえます。

・江戸せんべい
（東京都江東区亀戸 佐野味噌本店）

　東京亀戸の味噌醤油の専門店の菓子です。新潟産黄金糯米を使った醤油と塩の江戸せんべい。亀戸は亀戸天神のお膝元です。佐野さんのお店は日本全国の味噌醤油文化を守り、伝えることを大切にしています。

の相性は最高です。
日本では土地の風土にあう菓子と土地の素材を利用してしょっぱい菓子とお漬物をお茶うけに、愛情をもって楽しんでいるのです。

懐かしい昭和の匂い

——郷愁を誘います

【ラムネと豆菓子】

昭和二十年（一九四五）八月十五日から日本の戦後が始まりました。敗戦直後の経済の落ち込みや国民生活の貧しさから、日本は急速な経済発展をとげます。高度経済成長期の日本では昔からのいろいろな物や食べ物も新しい物や食べ物に置き換わっていきました。私が子供のころ町にあった駄菓子屋や個人商店は消え、今ではコンビニやショッピングセンターが消費生活の重要な役割を担っています。日本全国、同じ商品を販売する同じ形態の店ばかりです。

しかし、人はいろいろ、物もいろいろ、食べ物もいろいろ、思い出もいろいろ。私は時代が変わっても、失くしたくないこと、残しておきたいものを考えます。

熊野屋のオリジナル、グラニュー糖ラムネとたまりピーナッツには、そんな思いがこめられています。

ノスタルジーとともに、忘れかけた大切な思い出と味を復刻版くまのやオリジナルで味わってください。

熊野屋
オリジナル

グラニュー糖ラムネ

ラムネは舶来（西洋）の飲み物です。元は水、それも炭酸水です。明治に横浜居留地でイギリス人により製造（長崎が最初の説もありますが）されたようです。最初は薬のように販売されま

した。ヨーロッパは良質な水に恵まれず、多くの国では今でも飲み水は買わなければなりません。天然の湧き水ミネラルウォーターは薬のない時代、奇跡の水として人々を救う薬の役割をしました。

後に、水の成分分析ができるようになると炭酸ガスを人工的に水に溶かし、発泡性のドリンクが生まれました。最初は脱水防止、消化不良用などの医療目的でしたが、のどの渇き止めに、そして嗜好性の飲料へと変化したのです。炭酸ガスをビンに封印するためにはラムネビンの発明が必要でした。一八七二年（明治五）にイギリスでビー玉（ガラス玉）を炭酸ガスの力で内側から密閉する方法が発明されました。

日本ではこの特殊ビンとレモンの味のドリンクが「レモネード」から「レモネ」に、そしていつしか「ラムネ」へとなまったと言われています。

熊野屋のグラニュー糖ラムネは、明治の後半に名古屋市吹上でラムネを製造した塚本鶴次郎の伝統を引き継いでいます。味は異性果糖や人工甘味料を使用せず、無着色で一〇〇％グラニュー糖を使用。クエン酸で清涼感を、そして特別設計の香りで郷愁を誘います。飲み終えたあとの爽やかさが自慢です。

甘さもあと味良く口に残りません。ラムネの持つ独特の味わいを大切にし、ビー玉とガラス瓶で復刻、飲み口には昔ながらの封印紙を一本一本、手で貼り、今でも昭和の匂いを残しています。

たまりピーナッツ

たまりピーナッツは落花生と熊野屋の自慢の「たまり」でつくった豆菓子です。大豆や小豆は縄文・弥生時代に大陸から日本に伝えられました。奈良、平安時代には唐菓子として塩や甘味料の飴などで味つけされ、珍重されたようです。豆の中でも落花生は異端の豆です。原産地は南アメリカで、栽培が盛んになったのは十九世紀以降です。主にインド、中国、アメリカで栽培され、日本では中国からの輸入豆として南京豆とも呼ばれていました。花が咲いたあと、房（ふさ）が地中に入り、莢（さや）となり実ができます。「落花生」の言葉は花が落ちて、土から実が生まれる様子から名づけられたようです。海外では豆というより木の実（ナッツ）に似た感覚です。ナッツ類のように甘味があり、美味しいことから、豆の木の実「ピーナッツ」と呼ばれるようになったようです。アメリカでは大変人気のある豆です。

伝統調味料、大豆一〇〇％でつくる「たまり」は大豆の旨みを極限まで出した調味料です。甘味のある落花生を軽く煎り、寒梅粉で包み、旨みたっぷりの「たまり」をからめてできたのが、くまのや「たまりピーナッツ」。なつかしい味が自慢です。落花生の甘さと大豆の旨みが相乗効果で生み出す味です。

昔、どこかで食べた味と形の昭和の菓子です。令和の時代でも残したい、残ってほしい「おかし」です。

【コラム】消費者と食品情報

ネットやマスコミ情報だけで食品を買っていませんか？

『食品を見わける』の著者、磯部晶策氏の一般消費者対象の講演会で、興味深い話を聴いたことがあります。「賢い消費者ほどねらわれる」というお話でした。

磯部氏の話した「賢い消費者」とは、ネットやマスコミ情報を積極的に手にいれ、また努力して自分で食品の効能や栄養を勉強している消費者の方々のことです。磯部氏はあえて「利用される」と注意をうながしたのです。消費者が特別な食品を購入する手段として利用する情報、広告が販売の手段に使われるからです。一部をご紹介しましょう。

＊砂糖でも白砂糖は体に悪く、黒砂糖や三温糖は良い（本書62ページの砂糖の話）参照）。

＊ワインはアルカリ性で良く、肉は酸性で悪い（過去の誤情報。砂糖の話を参照）。

＊植物性食品は良く、動物性食品は悪い（本書52ページのマーガリンとバターの話を参照）。

＊卵は赤玉、有精卵が良い（卵の正確な知識と情報が大切。本書44ページの卵の話を参照）。

＊普通の油で病気になる、特別な油で病気が治る（油の微量な脂肪酸で病気は治らない。本書26ページの油を参照）。

他にもたくさんあります。良い食品の四条件のうち、食品情報の問題は第二の条件の「ごまかしのないこと」に関わります。「ごまかされない」方法も少し考えてみましょう。

＊知らない人、純粋な人、興味がない人
→健康、美、長寿。●▲で病気が治る。などの広告、情報。

＊興味をもち始めた人、情報の好きな人

↓思い、信じこませる。食物信仰。一見科学的だが非科学的。
＊グルメと呼ばれる人、ブランド好きな人
↓酒、ワイン、菓子情報などに多い。情報を過信させられる。

磯部氏は消費者として「ごまかされない」ために、「ごまかす」テクニックにのらない、基本的な知識をもち、判断し、そして自己過信に陥らない、などと話されました。現代は情報過多の時代ともいえます。

私たちは、情報にも「良い悪い」の品質が重要だと認識し、たえず正確に、情報確認をすべきと思います。

『食べもの情報ウソ・ホント』（講談社）の著者、高橋久仁子さんは氾濫する情報を正しく読み取ることの大切さを、食べもの信仰の落とし穴（フードファディズムという用語を使って）として説明されています。

何がフードファディズムに当たるのかは次のように述べています。

一．食品や成分に「薬効」を期待させ、「治療」に使う。

二．万能薬的効能をうたう目新しい「食品」を流行させる。

三．食品を非常に単純に、体に「いい、悪い」と決めつける。

高橋さんは食べものや健康について雑多な情報があふれる今日、いたずらに「体にいい」食べもの探しや、「体に悪い」食べ物情報に神経をすり減らすことの意味を冷静に考えましょうと呼びかけられています。

【レポート】

お茶農家・片木さんを訪ねて

熊田ひろみ

　滋賀県、甲賀市信楽で農薬不使用のお茶を栽培している「かたぎ古香園」へお話を聞きに伺いました。代表である片木さんで六代目、熊野屋とは三十年来お付き合いのある茶農家さんですが、知っているようで知らなかったお茶の話を教えていただくことができました。片木さんのお店から車で十分ほど山道をずんずん登っていくと、あたり一面茶畑に囲まれた壮大な景色が広がっており急勾配の茶畑の高台に立つと下から爽やかな風が抜けていきます。

　茶畑がある標高三〇〇m越えの高地は年間の温度差が大きく、水はけや日当たりの良さ、霧も発生しやすいなど茶づくりに最適な場所なのです。

　広大に広がる茶畑の茶葉をよく見てみると蜘蛛の糸のようなものが沢山、他の茶畑とは違った雰囲気です。

　片木さんに農薬不使用栽培についてお聞きしました。

私：農薬を使用していたお茶づくりから農薬不使用栽培のお茶づくりに転換したきっかけは何ですか？

片木さん：昭和五十年前までは農薬を使用したお茶づくりをして宇治の問屋さんにもいい値段で売っていました。しかし消費者の方々と深く付き合う中で、毎日飲むお茶は洗わないが残留農薬は大丈夫なのだろうか？という疑問と危機感が生まれ、自分も消費者も納得できる安全なお茶づくりをしなければという気持ちになりました。

私：農薬不使用栽培のお茶づく

りを始めたころは大変だったのではないですか？

片木さん：その当時は農薬不使用栽培について教えてもらえる人もいなく、何度も失敗しながら茶畑と向き合い、アルバイトで生計を立てながら三年かかりやっと強い根を張り安定するようになりました。

私：茶畑には蜘蛛の巣が覇っていたり虫がたくさん飛んでましたが良いのですか？

片木さん：蜘蛛類やカマキリ、蜂は害虫の天敵なので害虫駆除に役立っているのです。

近代農法のように生産性を上げようと考えれば農薬や化学肥料を使用すればいい。それよりももっと自分自身が本当に納得できる先人が築き伝えた自然な栽培に回帰し、人と自然が一体となったお茶づくりをしていきたいと思っています。

お店へと戻り片木さんにお茶をいれていただきました。

香りはとても爽やか、色は綺麗に透き通った山吹色です。

一煎目の味は旨味のある、まるで出汁を飲んでいるかのような味、二煎目になると味が少し濃くなりとてもバランスの良いお茶に。温めの温度でゆっくりと葉をふくらますと三煎、四煎と喉越しの良いお茶を美味しくいただけます。

皆さんはお茶の収穫時期、ご存じですか？　お恥ずかしながら私はお茶の収穫は春から初夏までだと思っていました……。

実は冬場以外は収穫されているのです。五月は新茶、お茶の特徴としては「旨味が強く色が綺麗」。六月は番茶やほうじ茶、「味が濃く渋みが少ない、香りも良い」。七月は紅茶や烏龍茶、かりがねのほうじ茶、「カテキンが多いので食事時に良い」。十月・十一月は番茶、「カフェインが少ない」。三月は寒い冬を越した完熟茶葉を使用した番茶やほうじ茶類「カフェインが少ない」

このように季節により茶葉ともに味や成分も変化しているのです。お茶は唯一、洗わず口に入れるもの。法律で認められた農薬であっても、たとえ農薬の使用基準を守っていたとしても積み重ねられてきたものが将来、どう変化するかは私たちには知りえないものです。

産地の見えない茶葉や、一定の味を保った味わいの薄いお茶、蓋を回せば手軽に飲めるお茶を選ぶのも人それぞれです。しかし農家さんの苦労や自然の恵みに感謝し、一煎一煎丁寧に入れたお茶本来の旨味を味わっていただきたいと思います。

日常の身近な食品

良い食品物語　3

現代の日本で、伝統食品としてこれからも残ってほしい食品と
海外から日本に定着した身近な食品の話です。
そして、お酒とみりんの特別の世界の話です。

だし文化は「水の国」だからこそ

——日本では食物も料理も水の力を借ります

【昆布と鰹節（かつお）】

だしと乾物

日本は世界でも有数の水の豊かな国です。水道水の水をそのまま飲める国は世界の中でも珍しいです。

水を自由にたくさん利用できる国も少ないのです。日本の水はカルシウムやマグネシウムのミネラル分が少ない軟水が多く、口当たりも良く、おいしいので、日本では料理に水を使います。一番良い例が「だし」です。「だし」づくりには水産物、農産物の乾物を利用します。そして、多くの乾物は水でもどして使います。「だし」と言えば昆布と鰹節でしょう。

昆布

昆布は海苔（のり）や和布（わかめ）と同じ海藻（かいそう）です。海藻は海草とは違い、海藻類です。日本ではこの海藻類を食用に利用します。海藻類を食べる国は世界では少なく、海に囲まれた日本ならではの食物といえます。昆布は冷たい北の海で育ち、日本でも九〇％以上は北海道産です。天然の昆布は岩について育ちますが、養殖はロープに種苗をつけ育てます。促成昆布は栽培液に浸けて一年で収穫します。今では養殖昆布が増え、天然昆布は減少し、価格の安い促成昆布や中国産も増えています。昆布は海から揚げ、浜で天日乾燥（機械乾燥も多い）、昆布を揃えて、問屋などを通して市場にでます。収穫、加工での肉体労働、昆布の産地と品質の格付けのことは消費者はほとんど知りませんが、昆布の価格は品質と産地、格付けで決まります。

十種以上の産地と種類に分けられます。だしは真昆布、羅臼、利尻。食べるには日高などと言う料理人もいます。とくに真昆布は「真」の文字がつく日本の昆布の代表格で、上品な「だし」が出ます。江戸時代、北海道から日本海に沿って、北前船という物流の廻船が大阪まで昆布を運びました。途中の富山県高岡、福井県敦賀などには今でも昆布問屋が残り、西回り航路の拠点、大阪では昆布文化が色濃く残っています。

大阪空堀の昆布屋さん、土居さんは道南地方の天然の「真昆布」を使います。昆布の格付けでも最高級品です。土居さんは昆布の採取地(浜)での品質差まで味にこだわります。地球温暖化の影響からか、近年は天然物の不漁が続いています。土居さんの苦労は良い品質の昆布と天然の限られた量の確保です。

鰹節

だしを引く(料理用語では「だし」は取るでなく、「引く」)うえで、昆布のベストパートナーといえば、鰹節です。昆布のうまみ成分はグルタミン酸です。鰹節のうまみはイノシン酸です。それぞれのうまみ成分は相乗効果でうまみが増強されます。鰹は温帯熱帯の海を回遊する肉食

熊野屋のお勧め

◉昆布

●天然真昆布　昆布佃煮

(大阪市空堀 こんぶ土居)

こんぶ土居さんの自慢は天然真昆布です。だし、昆布佃煮も完全無添加です。すべてに最上を目指します。

●羅臼、利尻、日高昆布

(富山県高岡市 山三商事)

富山県は日本で一番、昆布を食べる県です。北前船の伝統が今も生きています。良心的な昆布問屋です。

の魚です。鮪や鰤と同じように筋肉質で血液の血合いがあります。日本では古代から知られ、利用されてきました。

神社の屋根にのる「堅魚木」や神様への供物、お祝い事の縁起かつぎにも利用されました。

鰹は堅魚とも文献にあるように、利用される場合は傷みやすいため、煮て乾燥するため堅いのです。江戸時代になると、乾燥させるだけでなく「いぶす」作業が加わりました。「薫乾」といわれるスモークです。この工程の結果、香りと保存性が良くなりました。さらに江戸中期以降に「かびつけ」という方法も考えられました。「かびつけ」は偶然から発見されたのかもしれませんが、水分を取り除き、「うまみ」を凝縮させせました。

鰹節は昭和四十年代までは家庭で削り使っていました。私も母親に頼まれ、鰹節を削った記憶があります。今では鰹節メーカーは自社でいろいろなタイプに削り、保存性を高め、小袋包装して販売します。ある意味、鮮度が保たれ、香りも良く、使いやすいともいえます。ただし、原料に品質の良い鰹節を使用するか、または安い質の悪い鰹節を使用するかで、まったく異なった製品ができます。

値段の安さのみで選ぶと失敗します。香りと風味がまったく違います。

熊野屋のお勧め

◉鰹節

●鰹節製品　けずりたて　けずりぶし
（静岡県焼津 山政）

　鰹節の本場、焼津で創業百年。原料を厳選した鰹節製品をつくっています。鰹のたたきや佃煮もあります。

●古式手火山式の鰹節 生鰹太白漬け
（三重県志摩 久政）

　志摩大王崎で新鮮な鰹を使い、鰹製品をつくります。珍味調理油「生鰹太白漬け」は熊野屋オリジナルです。

◉無添加のだし
　品質の良い原料と純正な製法の無添加だしです。

●本格十倍だし（十倍希釈液体だし）
（大阪空堀 こんぶ土居）

　真昆布と鰹でつくる本格だし。十倍に希釈してもよし。ほんの数滴使うだけでも料理が美味しくなります。

●だしパック（うまかだし）
（長崎市築町 中嶋屋本店）

　中嶋さんは長崎の海産物屋さんです。無添加で便利な、鰹、いりこ、アゴのパック入りだしをつくります。

乾物の代表です

──海苔と和布の、あまり知られていないお話

【海苔と和布】

昔から人々は太陽と火の熱を利用して、旬の食べ物を干す（乾燥）ことで保存してきました。傷みやすい旬の食べ物が大量に収穫できた時には、乾物をつくったのです。捨てずに、無駄にしないようにする知恵です。さらに乾物は生より、旨みが凝縮され、栄養素まで増えるのです。まずは海の乾物の話です。

海苔（焼海苔）

海苔（のり）は乾物のスターです。寿司、おにぎりなどをはじめ、日本人は海苔が大好きです。海苔を知らない外国人が、日本では黒い紙を食べると驚いたとか？　海苔は江戸時代に始まった養殖技術の発展と、紙すき技術からの応用で、乾燥板海苔にすることで広く普及しました。生産は毎年十一月から翌年四月までの六カ月。漁業者から海苔業者に渡り、品質と等級で価格が決まり、保管され、その後、いろいろな製品となり流通します。板海苔は縦二十一センチ横十九センチが基本形です。これを「全型」と呼び、全型十枚で一帖（じょう）として流通します。板海苔は火入れ乾燥、加工して焼海苔、味付け海苔などになり販売されます。焼海苔は添加物は使用されませんが、多くの味付け海苔は調味料以外に添加物が使われています。

美味しい海苔選びは、ひとことで言えば信頼

できる製造者、販売者を選択することです。消費者では知りえない製品情報が海苔には多くあります。たとえば、養殖での大量生産のための栄養剤、病気や海の雑草駆除防止に酸処理されることがあるのをご存じでしょうか。味の良さではなく、価格の安い、黒くて厚い破れにくいコンビニおにぎり向きの海苔の開発などもおこなわれています。専門業者の特別の情報です。今では中国、韓国からの輸入海苔も急増しています。海苔の消費は、現在では家庭用よりも業務用（コンビニおにぎりなど）が主流になっています。おいしい海苔は私には必需品です。ご飯をもう一杯余分に食べられます。

和布（糸わかめ）

徳島県鳴門はうず潮で有名なところです。瀬戸内海の淡路島と四国徳島の狭く流れの速い鳴門海峡で育った和布（わかめ）はコシがあり、シコシコと歯ごたえが自慢。糸わかめは原料の鳴門若布（なるとわかめ）を昔からの灰干し技術で乾燥させた逸品です。手間をかけ、茎を取り、糸のように加工、利用しやすくした製品です。和布は日本と韓国で消費される海藻です。とくに日本では海苔と同じく古くから親しまれてきました。今では伝統製法を受け継ぐ後継者が減っています。熊野屋はできる限り鳴門の乾燥若布を守っていきたいと思っています。

和布は韓国や中国から輸入も含め、値段の安い、塩をまぶした塩蔵わかめや機械乾燥わかめ

熊野屋のお勧め

◉焼海苔

●吟選焼海苔　無添加味海苔（あじのり）広島うまだし（広島 三国屋）

品質の良い美味しい海苔が自慢です。広島の干しえびが隠し味の、無添加でつくる味つけ海苔は絶品。

熊野屋のお勧め

◉糸わかめ

●鳴門糸わかめ

（徳島県鳴門市里浦 佐藤松）

佐藤さんは長年にわたり、地元の里浦で鳴門わかめを知りつくした人です。糸わかめの伝統を守ります。

が多くなりました。糸わかめの実力を一度お試しください。みどり鮮やかでしっかりとした歯ごたえと味は、他の和布製品では味わえません。保存性も高く、使用量にあわせ、少しずつ長期間にわたり使えます。乾燥品は戻せば量がビックリするほど増えます。食べるときの和布の戻し率は、製品が塩蔵わかめの場合は約一・二倍しかありません。いっぽう、乾燥わかめはなんと約十二倍です。増える量に驚きますよ。

佐藤松商店（鳴門市）

麩は金魚の餌ではありません

――麩は長い歴史のある伝統食品の乾物です

【麩(ふ)】

小学校の頃、私は家で金魚を飼っていました。今のように金魚用の餌はなく、いつも台所の麩を金魚に食べさせていました。

金沢のお麩屋さんに、実は「麩」は立派なお殿様も食べたものと教えてもらいました。麩の原料は小麦粉です。小麦粉に含まれるタンパク質（グルテン）が主原料です。中国唐の時代に麵筋(めんきん)と呼ばれる食材があり、仏教の交流と共に日本に伝わりました。江戸時代加賀藩の料理人舟木伝内(ふなきでんない)が生麩の製法を考案したといわれています。その後、生麩を直火で焼き、保存性を良くした乾物としての焼麩が考案されました。保存性が良く、便利な焼麩は各地に広がったようです。生麩はさしみ、天ぷら、煮物など。焼麩はお汁の具や、水でもどしてすき焼きの具、酢の物、煮物など料理すべてに使っていただけます。

麩は伝統食品です。今でも古都京都や城下町名古屋には麩屋町とよばれる町名が残っています。金沢は加賀前田藩の城下町です。加賀麩というさまざまな種類の麩の製造が盛んです。軽くて、かわいい加賀麩は観光客に人気のお土産となっています。

熊野屋のお勧め

◉加賀麩

●車麩　竹輪麩　おつゆ麩

（石川県金沢 加賀麩司 宮田）

宮田さんは国産小麦粉でおいしい麩をつくります。麩料理「鈴庵(すずあん)」も人気の店です。麩の美味しさを再発見。

豆腐と納豆には深いつながり

――大豆が原料の日本人の健康食？　といわれる食品です

【豆腐と納豆】

日本人は大豆を昔からいろいろな方法で利用してきました。味噌、醤油などの調味料の原料に、煮豆や、蒸して「納豆」、煮て潰して「豆腐」、煎って「きなこ」などの食品に加工してきたのです。海外での大豆の利用法は、大豆に含まれる油分を取り、油にするのが大半です。

大豆は栄養面で良質のタンパク質や脂肪を含んでいます。ビタミンなどの量も豊富で、肉や魚に負けません。畑の肉ともよばれます。とくにサポニンという成分は、生化学の研究で、さまざまな効果があると報告されています。また、大豆は生産効率の良い作物です。将来は、世界の食糧不足の不安を除く、未来の救世主という人までいます。豆腐や納豆の利用などで、日本はその最先端にいます。

豆腐

豆腐の起源は中国です。大豆を食べる際にたまたま海水で煮たところ、海水の中の天然の苦汁（にがり）で凝固したものが始まりではと言われています。平安時代に中国との交流で日本に伝わり、室町時代には一般にも食べられ、江戸時代では日本中に豆腐屋さんがあったようです。豆腐が広く日本中で食べられたのは、日本は水が豊富で、肉食の習慣がなかったことも理由かもしれません。

熊野屋のお勧め

◉豆腐と油揚げ

●国産大豆100%豆腐、油揚げ

（香川県宇多津 久保食品）

久保さんは原料大豆を厳選し、まじめで誠実に、安全安心と味にこだわります。海の豆腐と山の豆腐の二種類あります。油揚げには胡麻油を使い、安全で安心、香り良く、美味しく、ふっくらとつくります。

消泡剤は使いません。

●国産大豆100%豆乳、特選豆腐

（神奈川県横浜 宮城屋）

まじめで仕事一筋の川邊さんはコクがありシットリした豆腐を目指します。大都会の豆腐屋さんです。

おひとりにも向く小さなサイズの豆腐もあります。豆乳は他では味わえない濃厚なおいしさがあります。

消泡剤は使いません。

日本の豆腐は中国の豆腐から変化しました。主食の米と似て、味は淡白、白くて柔らかく、料理に使いやすく、飽きのこない、日本人好みの食品なのです。豆腐は大豆から豆乳をつくり、凝固剤（ぎょうこざい）で固めます。凝固剤には大きく三種あります。苦汁（塩化マグネシウム）、澄まし粉（硫酸カルシウム）そして機械製造での豆腐にはグルコノデルタラクトン。日本は海に囲まれた国なので凝固剤として海水からの苦汁を主に使います。苦汁は水に溶けやすく、凝固反応が早いため、技術が必要です。そのため、豆腐の出来は豆腐屋の力量にかかります。今はありませんが、近所にあった豆腐屋の親父は頑固者で、豆腐は固く、強い苦汁を感じる古風な味でした。

澄まし粉（石膏）は中国でも内陸部、日本でも京都など海から離れた土地で多く使用される凝固剤です。水に溶けにくく、凝固反応が遅く、保水性があります。京都の湯豆腐にはぴったりです。やわらかく、舌触りが良いのに箸でもつかめます。熊野屋では二種の豆腐の違いを苦汁の「海の豆腐」と澄まし粉の「山の豆腐」と呼んでいます。歴史的には二種の凝固剤の豆腐は伝統製法といえるのです。

グルコノデルタラクトンは昭和三十七年に許可された添加物で、水に溶けやすく、均一で保水性も良く、大量生産の機械づくりの豆腐に多く利用されている凝固剤です。多くの値段の安い絹豆腐、パックに直接つくる充填豆腐に使われます。豆腐はスーパーで価格競争品です。値段で選ぶか、味や風味で選ぶかは消費者の選択ですが。大豆のうまみがわかる、そのまま食べてもおいしいのが本物といえます。

もうひとつ、豆腐製造で気になるのが食品添加物の「消泡剤」の使用です。消泡剤は製造過程で大豆を煮るときに泡が立つ際に使用されます。昔は泡が消えるのを待つか、丁寧に泡を取ったりしました。今は多くの豆腐屋はシリコン樹脂やグリセリン脂肪酸エステルを使用して泡を消します。食品衛生法では加工助剤として表示が免除されます。天然にがり、国産大豆使用を売りにする豆腐でも消泡剤を使用した豆腐、その他、添加物を使用した豆腐は、私は良い豆腐とは思いません。時間と手間を省き、コストを抑え、安く、早く、多くの豆腐をつくるためだからです。味にも微妙な影響を与えます。

豆腐は原料の素材と加工方法で、その味に、本物とニセモノの違いがでやすい食品です。

糸を引かない納豆って、納豆ではありません！

納豆

納豆は発酵食品です。大豆を蒸して、納豆菌をつけると大豆は納豆になります。以前、青森の納豆屋さんでつくるのを見せてもらいました。驚くほどシンプルです。このことは二つのことを教えてくれます。

一つは歴史のことです。納豆は原始的な食べ物で、類似の食品は東南アジアの国にもあります。植物学者の中尾佐助さんの本によると、豆、菌、植物のある照葉樹林の国々でつくられ、食べられているそうです。日本では稲作の伝来と共に、稲わらに付着した納豆菌から納豆をつくり食べるようになったようです。

そのため今でも納豆を稲わらで包装した製品

があります。ただし現代では稲の収穫は機械のコンバインが使われ、ほとんど稲わらは残りません。販売上のパッケージデザインがおもな目的です。商品には輸入の稲わらが使われるようです。ネーミングやパッケージだけでは、良い納豆かどうかは、わかりません。

二つめは品質のことです。製造がシンプルなだけに、原料の大豆、納豆菌の良し悪しが、大きく品質に影響します。良質の国産大豆を利用、衛生的に純粋培養された納豆菌で不自然な加工をせず使用することが品質を決めます。

また、原料は国産大豆か輸入大豆か？ 表示義務のない部分で大豆に添加物を加え、柔らかくする、保存性を良くする？ 臭わない糸を引かないための加工をするのか？ これらの点は選ぶときに注意してください。

納豆のうまみの秘密は、ネバネバ（グルタミン酸）にあるといわれます。納豆とは、「しっかりと納豆の糸を引き、シンプルに美味しく食べられる」食品なのです。

熊野屋のお勧め

◉納豆

●青森納豆

（青森市 かくた武田）

良い納豆菌を大切に、国産大豆のみで立派な納豆に育てています。適度な歯ごたえ、やわらかさ、強い糸引きと、あめ色の完熟発酵した納豆です。納豆好きにはたまらない、人気の本物の納豆。

●信州納豆

（長野市 村田商店）

村田さんは地元長野県産の良質な大豆でまじめに納豆をつくります。経木（きょうぎ）（日本古来の木の包装材料）で包装し、保存、殺菌性を高めています。「どらいなっとう」という乾燥納豆はユニークな商品です。

漬物と佃煮は日本人の知恵

——日本人の「もったいない」「むだにしない」という知恵がつくりあげた食品

【漬物と佃煮】

　漬物と佃煮は日本のお米のご飯と相性の良い食物です。漬物は塩と醤油、佃煮には砂糖や飴の甘味も加わり、日本らしい味覚の食物と言えます。「日本らしい」の意味には、日本人の特質と知恵が含まれます。

　イギリス人でジャーナリストのマイケル・ブース氏は指摘しています。

「日本人は食べ物を無駄にすることへの罪悪感が世界でも一番強い」という特質がある。残念ながら、日本でも食品の大量廃棄は現実の問題ですが、イギリス人の彼は「野菜や魚の日本人の利用の仕方は食べ物を無駄にしない」という知恵があると……。それは漬物と佃煮という伝統食品の中でみつけることができます。

　漬物は季節の野菜が大量に収穫できた時、塩漬けして保存し、腐敗させたり、捨てたりせずに、生鮮品の野菜を別の美味しい食物にしたものです。ブース氏は「漬物は色々な料理に爽やかな酸味を添える、保存が効く、捨てるような部分（カブの葉、スイカの皮など）が食べ物になる」と語り、魚も無駄なく使うことでは世界一と感激します。海外では捨てるヒラメの縁側やふぐのヒレの利用は日本人だけのようです。ふぐのヒレ酒も格別です。江戸時代に始まった佃煮の歴史は江戸の海で採った捨てられるような雑魚（小魚など）の利用から始まっています。

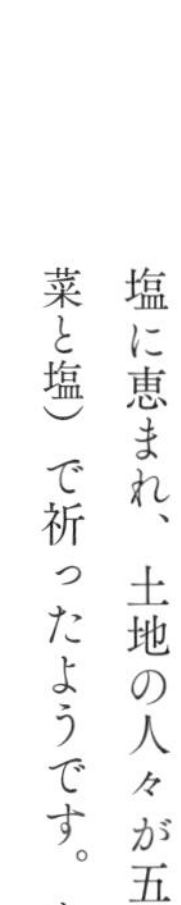

漬物

漬物の神様は名古屋市の西、あま市の萱津神社に祭られています。神社の案内によると、当地は濃尾平野と伊勢湾に近く、豊かな農作物と塩に恵まれ、土地の人々が五穀豊穣を供物（野菜と塩）で祈ったようです。ある時、神前の多くの供物が腐敗するのを惜しんだ里人が社殿の近くに甕を置いて、その中にいれたところ、野菜が塩漬けになり、不思議なその味は神様からの賜り物とされたというのです。

漬物にはいろいろな種類がありますが、塩漬けの野菜が微生物の働きで熟成して、新しい味に変化し、うまみが加わったものです。さらに、醤油や味噌、酒粕や米糠の利用で、さまざまな種類ができあがったようです。日本人は、外国人が驚くように、普通は捨てる粕や糠まで利用して漬物というすばらしい食文化をつくったのです。

現代の漬物は伝統的な漬物とは大きく姿を変えました。食生活の変化（ご飯と味噌汁からパンとコーヒーへ）などで漬物を食べることが減っています。漬物づくりは、昔は親が子に教えた技術でしたが、家庭から工場生産の市販品へと移りました。かつては梅干、粕漬けや糠漬けなどには、各家庭の自慢の味があったのです。

市販品の漬物も伝統的な塩味の「古漬け」で

はなく、野菜をサラダのように食べる「浅漬け」に変化しています。この「浅漬け」のつくり方は野菜を漬けるではなく、調味液（化学調味料、アミノ酸、保存料などと醤油の混合液）で野菜を浸ける。野菜の風味より調味液の味が多くの市販品の漬物の味になっています。また漬物の値段を安くするために、輸入野菜を使った製品が多くなりました。季節の野菜を「むだにしない」「保存して美味しく食べる」という日本人の特質と知恵は生かされていません。

保存性という漬物の利点も少なくなりました。塩分の摂取では漬物の低塩化も大切です。しかし低塩化は暮らし全体での食生活のバランスの上に立つべきで、漬物の本来の味、風味や保存性まで否定することとは違うと思います。発酵食品である漬物は味の変化も特色のひとつです。漬物の酸味は、弱いものから強いものまで幅があります。漬物好きの方のなかには、この酸味

熊野屋のお勧め

漬物は日本各地の風土で味の特色があります。東北や信州の漬物、伝統の京漬物などです。熊野屋で販売の漬物はすべて伝統製法です。着色料、アミノ酸などの調味料や添加物を使用していない漬物を販売します。日本の四季を大切にし、地方の特色ある漬物、季節の変化を味わえる漬物を販売します。

●東北の漬物　山形の漬物
（山形県東根市 寿屋漬物）

漬物の宝庫です。冬の温海（あつみ）赤かぶ漬。山菜や菊の花漬、ほんのりあまい梅酢たくあん漬も名物。

●京の漬物　京の三大漬物　千枚漬、しば漬、すぐき（京都府亀岡市 かめくら）

京都は漬物王国です。隣接地の亀岡は原料野菜の産地です。地場の野菜を無着色、無添加で漬物にします。

●愛知の漬物　昆布大根漬　守口漬
（愛知県蟹江町 若菜）

愛知県は工業だけでなく農産物の大産地です。とくに大根漬けが多種あります。若菜の山田さんは新しい漬物にも挑戦。

若菜（愛知県蟹江町）

を好まれる方もいます。漬物は嗜好品であり、日本の伝統食なのです。

梅干

梅干と聞くだけで、私はすぐに舌線（ぜっせん）が刺激され、唾を飲み込みます。しかし、最近は塩気や酸味がない梅干が求められ、梅干の本来の意味を知らない消費者が増えました。漬物の一種である「本物の梅干」のことを一緒に考えてみましょう。

梅干は梅の塩漬けです。武士の時代には戦いの際、梅干を水や食物の殺菌に利用しました。梅干の塩分と酸が有効なのです。時には疫病の薬としても利用され、お城や家にも梅の木が植えられました。水戸、小田原など有名な梅の名所は城と繋がりがあります。立派な梅園があり、梅干も名物です。

今の梅干は紫蘇で漬ける赤い梅干が多いようですが、昔は塩のみの白干し梅が主流でした。食生活が豊かになり、食物の保存もあまり考えず、いろいろな食物を自由に食べられる今の時代には、梅干のような塩味、酸味の強い食品が嫌われます。梅干の重要な役割を理解していない人が増えました。

和歌山の梅干生産者の島本さんは「本物の梅干」づくりに情熱を燃やしています。紀州・南部（みなべ）や田辺地区では、紀州南高梅と呼ばれる高品質な梅が栽培されています。皮が薄く、ふっくらとした大粒の梅です。島本さんは梅の篤農

熊野屋のお勧め

◉梅干

●紀州　紫蘇梅干　白干し梅　鰹昆布梅　小梅干し

（和歌山市 三幸農園）

農園の代表島本さんは厳格に原料と加工の純正を守ります。農薬を使用しない「本物の梅干」です。

ふっくら、やわらか、三幸農園梅干

家と共にゆたかな土壌づくり、梅の選定に力を注ぎ、農薬に頼らない栽培で梅づくりをしてきました。六月、完熟した梅を収穫し、丁寧に塩漬け、梅雨明け後の天日干しを繰り替えして梅干をつくります。さらに自家農園で無農薬の紫蘇を栽培、化学調味料やアミノ酸などで塩分をごまかす梅干づくりはしません。梅干づくりで塩の使用を減らし、添加物でカビや腐敗を防ぐごまかし梅干は梅干ではありません。

佃煮（魚、貝、海苔、昆布、木の実、きのこなど）

「ごはんですよ！」というネーミングの佃煮があります。テレビのコマーシャルの力はすごいですね。

　私は商品名のみで海苔の佃煮を連想します。白いごはんに甘辛い味の佃煮はとても相性が良いのです。日本人は甘辛味が大好きです。海外旅行に行かれる年配の方の中には、甘辛の菓子や梅干、佃煮を持っていく人もいます。最近では食品輸入に厳しい国が増えて、入国の際、没収の憂き目にあう方も多いようですね。佃煮と同じような食品は日本以外では見当たりません。

　佃煮は江戸時代に佃島（現在の東京都中央区佃、隅田川を渡った今はタワーマンションの町）の漁民が江戸湾で採れた小魚（雑魚）を塩や醤油で味つけ、食べたことから広まったようです。捨てられる雑魚を利用しないのは「もったいない」、そして「むだにしない」という、昔ながらの日本人の知恵で佃煮をつくりました。保存性も良いため、不漁の際には備蓄食品になりました。安くて日持ちの良い佃煮は、「江戸みやげ」として日本各地に広まりました。

　金沢では当地の川魚（ごり）や白山の胡桃が名物佃煮になり、桑名では木曽、長良、揖斐の三川の下流で採れるはまぐり、あさりが貝の名物佃煮となりました。佃煮の味は甘辛で、常温でも日持ちが良く、生では食べにくい食材を合理的に利用した日本独特の食品です。今の日本では米の消費量の減少と連動して佃煮の利用が減っています。佃煮を市販の加工食品としてつくる側も、輸入原料を安く仕入れ、消費者嗜好の薄味にするために添加物（アミノ酸、安定剤、保存料など）を利用します。漬物と同じく、日本人の特質と知恵を失いかけているのではないでしょうか。原料を厳選し加工方法を純正に保ち、伝統食品として残してほしいです。

熊野屋では佃煮に向く「たまり」を利用して、添加物を使わず商品開発をしています。

熊野屋のお勧め

◉佃煮

●金沢佃煮「ごり」「磯くるみ」「山椒ちりめん」
（石川県金沢市 佃食品）

　金沢の佃さんは金沢独特の米飴を利用した金沢文化の佃煮をつくり続けています。地元の文化活動にも熱心です。

●「たまり」の海苔佃煮（鈴鹿の香り）
（三重県鈴鹿市 すずきゅう）

　伊勢湾の海苔、鈴鹿椎茸、たまり、本みりん、酒が原料の海苔椎茸入り佃煮です。熊野屋オリジナル。

●大阪昆布佃煮　椎茸昆布、鰹昆布
（大阪市谷町空堀　こんぶ土居）

　こんぶ土居さんは最高の原料と厳選の調味料で伝統製法の昆布佃煮をつくります。完全無添加製造です。

●焼津の鰹と鮪佃煮　鰹角煮、鮪佃煮，かつおふりかけ
（静岡県焼津市 山政）

　焼津は遠洋漁業の基地です。太平洋の鮪、鰹が水揚げされます。魚の佃煮、物菜づくりも漁業を支えます。

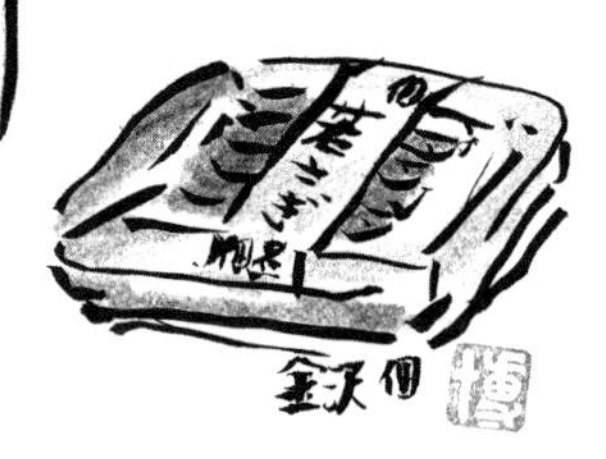

果汁一〇〇％ってどういうこと？

——日本のジュースは果汁だけではないのですか……

【ジュース】

ジュースという英語は、果物や野菜の汁または液という意味です。日本でジュースと呼ぶ商品の多くは、「水と糖類と香料と着色料と酸味料の液体」です。一部には数パーセントの果汁や野菜汁を入れた製品もありますが、ジュースとは呼べません。日本でジュースと呼ぶ多くの製品は、英語ではドリンク（Drink）。

いわゆる「果実飲料」が日本で本格的に飲まれるようになったのは第二次世界大戦が終わり、アメリカ軍が進駐し、アメリカのジュース文化が経済復興と共に広がってからです。アメリカでは一八六九年、ニュージャージー州の医師トーマス・ブラムウェル・ウェルチがコンコード種のブドウ液をビンに入れ、煮沸することで保存可能なグレープジュースをつくりました。このブドウジュースはアメリカで国民的飲料になりました。一九三八年にはアメリカ人フランク・バヤリーがオレンジジュースをつくり、戦後の日本に登場しました。しかし日本では生食用の果実が主で、飲料用目的の果実は少なかったのです。原料や価格の点もあり、この有名なオレンジジュースをはじめ多くのジュースと呼ばれる飲料は、無果汁か果汁入りの清涼飲料として販売されたのです。このドリンクと呼べる飲料が現在も日本での飲料業界の主力商品です。主原料が水であり、コストの面からも利益率の

高い商品なのです。マスコミなどを利用したコマーシャルで、日本の多くの飲料製造業者は、ジュースではないドリンク類で消費市場の拡大を図っています。

　箱根、芦ノ湖のクラシックホテルで小さなグラスに入ったジュースを飲んだことがあります。二口か三口で飲みほせるほどの量です。味、香りなど果物そのものの風味が生きていました。自然の果物の甘味、ほのかな酸味と香りの本物ジュースでした。本物のジュースは大容量のペットボトル入り飲料とは違います。

天然果汁一〇〇%（ストレートジュース）と濃縮還元果汁

「天然果汁」という言葉は製品には使用できません。日本の農林水産物、食品に関しては、日本農林規格（JAS規格）がありますが、「一〇〇%果汁」はいいのでしょうか。じつは世界の国際規格（CODEX規格）と日本の規格では、果汁の定義が違うのです。

　JAS規格は果汁の定義を「果実の搾汁、果実の搾汁を濃縮したもの、還元果汁を混合したもの又はこれらに砂糖類、はちみつなどを加えたもの」と規定しています。消費者の普通の感覚とはちょっと違いますね。単に果実を搾った汁に何かを加えても果汁一〇〇％ジュースであると、国のＪＡＳ規格は認めているのです。なぜでしょうか？

濃縮還元果汁とは一九四四年頃開発された、果汁を真空状態で四倍に濃縮したものです。この製法は高効率や高利益などの利点があり、飛躍的に広まりました。これは果実を絞ったままというストレートジュースを圧倒しました。今ではさらに製造法も変化し、真空、凍結など、保存、貯蔵、輸送面でコストを下げ高利益を生みだしています。濃縮は通常、高温での減圧のため、香り、味、風味が落ちます。水でもどした（還元）製品に味、香り等の加工をします。多くの濃縮果汁は輸入品です。低コストと高利益のためでしょう。

熊野屋のお勧め

◉天然果汁と野菜汁 100％（ストレートジュース）保存料不使用

●旬摘　信州りんご　巨峰　コンコード　ナイアガラ　など

（長野県塩尻市 アルプス）

長野県松本平の桔梗ヶ原はぶどう、りんご、などの産地です。アルプスはこの土地でストレートジュースを製造しています。160ｇの小さな缶ジュースにりんごは約3～4個必要です。熊野屋で販売の本物のジュースの値段は内容量は少ないものの、街角の自販機のドリンク類とほぼ同値です。

●木野本恵造さんの自家農園の100％果汁（みかん、レモンなど）

（愛媛県宇和島 木野本恵造）

木野本さんは柑橘類の生産農家です。安心の自家農園の果実の100％果汁です。種類も豊富です。

●信州生まれのおいしいトマト

（食塩無添加）

（長野県松本市 ナガノトマト）

美味しいトマトが育つ信州松本で60年以上トマト加工品をつくり続ける会社です。旬の完熟絞りです。

●生絞りにんじん（野菜）ジュースと生絞りとまとジュース

（千葉県流山 ベストフード）

人参を雪の下で熟成し、甘くて「あく」と「くさみ」をぬいた人参ミックスジュース。フレッシュな味のトマトジュース。

お正月以外でも食べたい海からの食べ物

――蒲鉾など魚の練り製品は九百年前から親しまれている伝統食品

【かまぼこ】

人類の食品づくりには
興味深い共通点があるようです

人は遠く離れた場所であっても、原料は違っても、同じような考えで食品づくりをしてきたようです。

四方を海に囲まれた日本では水産加工品が発達しました。なかでも「蒲鉾（かまぼこ）、さつまあげなどの練り製品」は魚でつくられます。塩を利用して、時間が経てば腐敗する魚肉を別の食感と風味の食べ物に変身させます。

一方、「ハム、ソーセージ」などの畜肉製品はヨーロッパ大陸で生まれました。海から離れた大地は牧畜が盛んで、飼育しやすい豚が主です。豚も生で利用できる部分はそのまま料理します。利用できにくい部分は、例えば腸を利用してソーセージにしたのです。塩も使用しました。ソーセージの意味には「塩」が関係しています。ラテン語の「塩」sal からソルト（Salt）、そしてソーセージ（Sausage）。

海から「かまぼこ」、陸から「ソーセージ」。二つの食品を比較するとおもしろい共通点があります。人は身近にある原料を使って食べ物をつくりました。共通点は「塩」の利用です。塩は素材のタンパク質を変化させ、原料の味、食感、風味と保存性も高めました。

さて、ここでのお話は「蒲鉾」などについてです。

小田原の老舗かまぼこ屋さんで「かまぼこ」と「ちくわ」づくりを体験したことがあります。

原料はグチ（別名イシモチ）を主とした白身魚。まず、箱根の山からの地下水で十分に晒し、血液、脂肪、生臭みを取り除きます。水を多量に使う作業がソーセージづくりとは違う点ですね。キレイになった身は石臼（熱を防ぐ）で塩を使い、丁寧にすり潰します。魚のタンパク質を溶かし、良く練ることで弾力をだし、砂糖、みりん、卵白などの調味料を加えて仕上げるのです。「かまぼこ」と「ちくわ」はここから工程が分かれます。

「かまぼこ」は板につけます。木の板は水分を調整し、防腐の役割と持ち運びの便宜性を確保します。次に「蒸し」ます。「蒸しかまぼこ」は小田原の伝統製法で、製品の腰と艶を出します。

一方、「ちくわ」は棒（木や竹）に魚肉を巻きつけます。この作業も実際に経験すると、その難しさがわかりました。次に火で「焼き」ます。「蒸す」白竹輪もあります。「かまぼこ」は漢字で「蒲鉾」。形が蒲の穂に似ていたためともいわれ、「竹輪」は竹の輪のような形状からといわれます。

市販では値段の安い冷凍すり身と添加物を多用した製品も多くみられますが、良質な原料と純正な加工は食品の基本です。古今東西を問わず、おいしい本物の「蒲鉾や竹輪」を食べたいものです。

西郷どんもきっと大好きだった

——鹿児島名物です

【さつまあげ】

鹿児島では「つけあげ」と呼ばれます。江戸時代、島津藩と琉球の交流の中で「チキアーギ」という油で揚げた練り物が伝えられました。今では鹿児島名物「さつまあげ」となり、鹿児島では「黒豚」と「さつまあげ」の店が市内に多くあります。

ただ本物といえる「さつまあげ」が少ないのも事実です。良質の原料と加工法で魚を純米酒、本みりん、砂糖、醤油などでしっかり味つけし、植物油で揚げた「さつまあげ」は、そのまま食べるのが一番美味しい食べ方です。

冷凍すり身と増量のためのデンプンや添加物、品質の悪い油で揚げた「鹿児島さつまあげ」が全国に広がるのは、西郷さんもきっと悲しむでしょう。

熊野屋のお勧め

◉かまぼこ、ちくわ

● 「小田原蒲鉾」「焼き竹輪」「あげかま」（神奈川県小田原市 鈴廣かまぼこ）

創業慶応元年、鈴廣は良質の原料で添加物を使用せずに伝統製法で小田原蒲鉾、練製品をつくります。

「シーセージ」日本独特。鈴廣が天然魚のすりみを使ってつくりました。海から生まれたソーセージです。

◉さつまあげ

● 「さつまあげ」牛蒡、ニンジン、イカ入り（鹿児島市下荒田 前迫さつまあげ）

前迫さんが良質の材料と調味料を使って家族で丁寧に手づくり。本物の「さつまあげ」。芋入りもおいしい！

一滴の血をも生かすドイツの伝統
——日本の赤やピンク色のハム、ソーセージはドイツにはありません

【ハム、ベーコン、ソーセージ】

ドイツも日本と同じように敗戦から復興し、近代化・工業化を進めた結果、経済的には豊かになりました。国の縦横に張り巡らされたアウトバーンは無料の高速道路です。日本と同じように工業地帯、近代都市はドイツ全土にありますが、南ドイツバイエルン地方は山、森、草原が広がる自然豊かな土地です。

ロマンチック街道と呼ばれる幾つかの中世の古い街が続く土地には昔のドイツが残ります。

世界遺産の街、ローテンブルグを散策すると数軒の肉屋さんが目に入ります。ショーケースには数々の肉製品が芸術品のように並んでいます。ドイツでは肉製品の種類は数千種あるそうです。最近ではドイツも日本と同じように食品産業が大型化し、大量流通の大型スーパーも存在しますが、一方で昔ながらの肉製品専門店も残っています。

ドイツでは豚の自家飼育と自家屠殺と肉製品の自家製造の伝統がありました。今では少ないと思われますが、以前、テレビで見た映像は、家族で飼っていた豚を自宅の庭先で屠殺、解体し、各種の肉製品をつくっていました。子供も一緒に手伝います。一頭の豚の命をまるごと食べ物にします。ショッキングな映像でしたが、生物の命をいただく大切さを子供の頃から体験させていたのかもしれません。ドイツの肉製品

づくりには、「一滴の血も生かす」という言葉があります。一片の肉、一滴の血も無駄なく、豚一頭をすべて利用します。当然、ハム、ベーコン、ソーセージなどは保存食として大切に皆で食べます。

　ヨーロッパでは人類が牧畜を始めた数千年前から今のハムのような食品があったようです。ハムは元々、豚のモモ肉のことです。人は食べきれない生肉を塩漬け、燻製にして保存食として、ハム、ベーコン、ソーセージなどの畜肉製品をつくりあげました。日本には第一次世界大戦で南方から捕虜として収容されていたドイツ人が肉製品の製造法を伝えたようです。戦後の洋風化の食生活の中でもハム、ベーコン、ソーセージの消費が増え、今では日本の食卓の主役級ともいえる存在です。

　日本のスーパーマーケットの食品売り場では、ハム、ソーセージは安売り商品の代表です。二～四パックまとめて特売されています。その値段の安さを不思議に思われたことはありませんか？　生の豚肉の値段と安売りハム、ソーセージなどの値段を比較してみてください。次のような疑問が浮かびます。

一、どのような原料か（冷凍輸入肉または肉以外も使用？）↓豚肉以外の鶏肉、大豆タンパクなどの増量は？

二、どのような加工か（添加物使用？）↓塩積（えんせき）、薫煙などの伝統製法、あるいは調味液利用のインジェクション*製法でつくられた製品では？

三、どのような製品か（味、色、価格）↓色はピンクや赤い色か？　不自然に安くないか？

三つの点などを確認してみてください。値段の安さには必ず理由があります。

肉食の文化の歴史の浅い日本ではヨーロッパと違い、人と家畜、畜肉製品の食文化の理解が浅いようです。

＊インジェクションは英語で「注入」の意味。肉の加工に利用される注射針製法（添加物調味液を注入）

熊野屋のお勧め

◉ハム、ベーコン、ソーセージ

●和豚もちぶたロースハム、モモハム、焼き豚（大阪府摂津市 たくみ亭）

たくみ亭は関西でもち豚と呼ばれる上質の豚肉を使用して、伝統製法と無添加でまじめに製品をつくります。

●ペッパーハム、和風ウィンナーソーセージ（岐阜県瑞浪市 中仙道ハム）

母娘とドイツで畜肉製造を修業した息子の三人の山の中の小さなハム工房です。添加物は使いません。

●ウィンナーソーセージ、ベーコン
（北海道興部町 ノースプレインファーム）

北海道の澄んだ空気の中、20年ほど前から地元の国産豚肉を使用した本物の畜肉製品を販売しています。

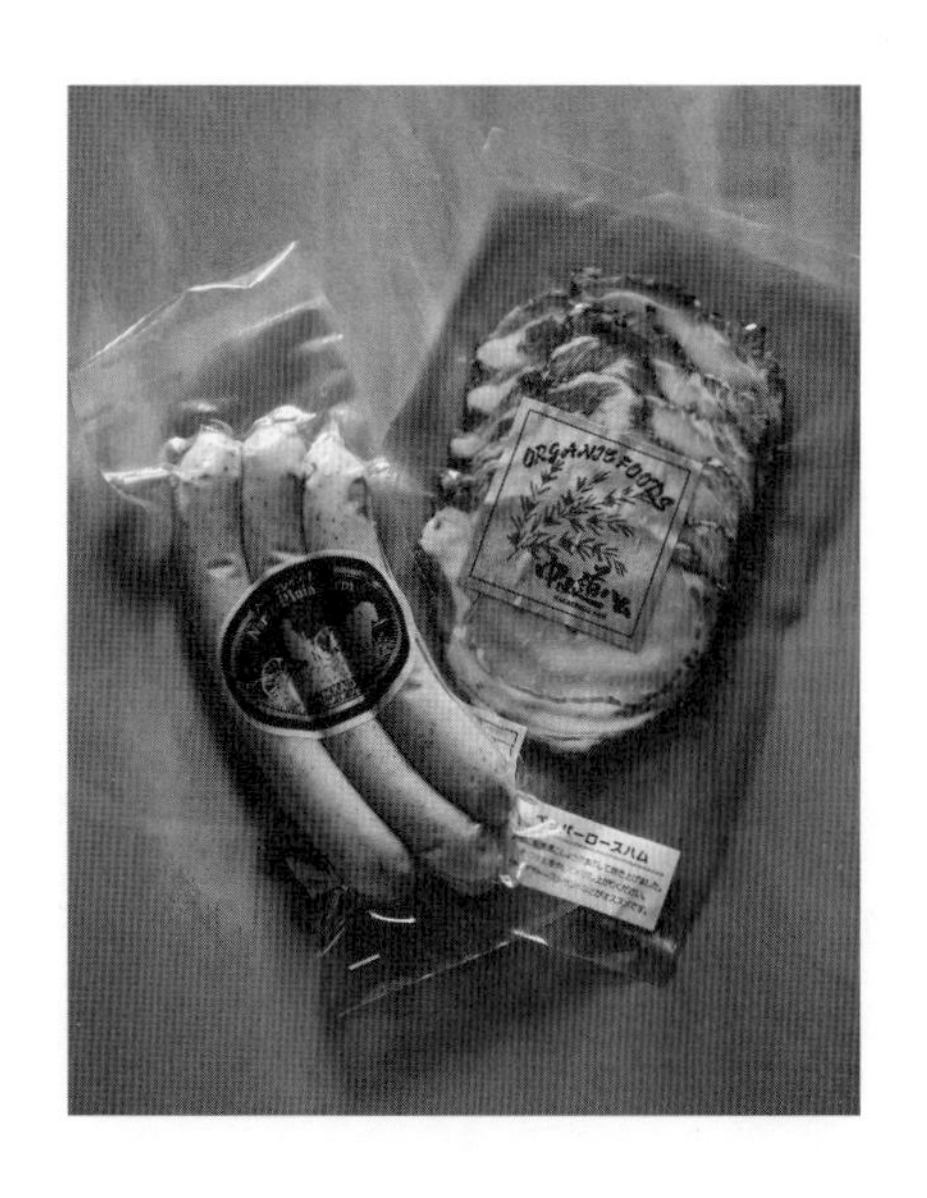

とんかつは洋食のスターです

——明治維新、文明開化の洋食は豚肉が主役でした

【黒豚と白豚】

伊豆の天城山の一軒宿の温泉でシシ鍋を食べたことがあります。当地は昔から猪が多く、茅（かや）葺（ぶき）屋根の囲炉裏端で食べた初めての料理は、豚の祖先が猪であると、身をもって理解できる味でした。

豚は猪が家畜化されたものです。家畜の歴史では紀元前からといわれ、日本でも飛鳥時代に野生の猪が食べられていたようですが、飼育の記録はありません。江戸時代の初めに中国から琉球（今の沖縄県）を経て薩摩（鹿児島県）に家畜としての豚が伝えられました。洋風化を進めた明治政府はヨーロッパ種の豚を導入し、養豚を奨励しました。大型種の大ヨークシャーやランドレースは白豚。中ヨークシャーとバークシャーはいずれもイギリス原産の黒豚です。

中でもバークシャーは肉のきめが細かく、味も良く、肉色もきれいです。鹿児島では黒豚と呼ばれ、出荷日数がかかる、子豚の数が少ないなどのハンディから一時飼育が減りました。ただ鹿児島では主な飼料のサツマイモが豊富で、今ではブランド豚として人気です。私の好みは黒豚肉のシャブシャブです。うま味のある豚肉です。日本の洋食は「とんかつ」の誕生から始まると、食文化史研究家の岡田哲さんは著書『とんかつの誕生』（講談社）で語られます。庶民は洋食で豚肉の味になじみました。現在は輸

入豚肉の量が年々増加しています。加工や外食に使用される量が増えてくることもありますが、年間に出回る量の半分近くまでが輸入肉です。アメリカなどでの大量飼育、生産される場合の飼料や飼育方法、ホルモン剤や各種薬剤の使用も不安な点です。

国産の豚肉の価格は高めですが、生産地や生産者との距離が短く、飼育方法や飼料などの安全と安心を確認して、美味しく食べられます。

熊野屋のお勧め

◉黒豚と白豚

●黒豚シャブシャブ肉（ロース、モモ、バラなど）
（鹿児島県姶良町 ますや）

ますやの米増（よねます）さんの最初の印象は黒豚の生まれ変わりではと思いました（失礼）。愛情たっぷりで育てた黒豚の豚肉といろいろな黒豚の肉を使用した無添加惣菜もあります。黒豚餃子、黒豚ハンバーグ、コロッケなど。

●房総もち豚（ブロック、スライス、ミンチ、カツ用と惣菜）
（千葉県千葉市 千葉産直サービス）

富田君が地元の生産者比留川（ひるかわ）さんの安全安心の飼料、飼育の房総もち豚を加工。きめの細かい肉質と脂身は甘く、くさみのないおいしい豚肉とその惣菜です。厳選した調味料を使った無添加製品です。肉団子、包子、焼売。

黒豚
ますや 黒豚

食卓でお馴染みのお魚は？

——残念なことですが、食卓での魚離れが進んでいます

【鮭(さけ)、秋刀魚(さんま)、鯖(さば)】

水産庁の調査では平成十八年以降に魚介類の摂取量は肉類に逆転されました。日本は世界でも有数の魚食大国です。しかし日本の消費者の「魚離れ」が進んでいます。

家庭で消費される魚は消費量だけでなく、その種類も減り、輸入魚や養殖魚が増え続けています。家庭での調理（下ごしらえ）は敬遠され、魚の購入はスーパーでのパック包装品が多くなりました。販売されている魚の種類は一位が鮭、二位がイカ、三位が鮪です。販売される魚の品目も以前に比べ少なくなりました（水産庁総務省家計調査結果）。

食卓で馴染み深い魚である鮭、秋刀魚、鯖のお話です。

鮭…山漬け鮭

小中学校の絵画の教科書に掲載されている有名な鮭の絵があります。明治時代、洋画の黎明期に描かれた高橋由一の「鮭」です。東京藝術大学の美術館で絵を見て思いました。絵は本物の鮭以上に迫力ある日本の「新巻鮭(あらまき)」でした。新巻鮭は最近では少なくなりました。北海道や東北で獲れた鮭を塩漬けにした鮭で、昔は年末のお歳暮に使われた人気の鮭でした。今スーパーなどで見る鮭は、輸入や養殖の鮭がほとんどです。北海道、北欧やカナダなどの本場の鮭

は種類も味も料理法でも美味しいものです。一方、生態系では鮭のいないはずの、南米のチリなど大量養殖の輸入鮭、冷凍や塩を振っただけの鮭は別物の鮭と考えます。一年中、鮭を食べられることは良いことかもしれませんが……。

日本では、昔から鮭を「山漬け（やまづけ）」と呼ばれる特別の方法で加工し、食べてきました。漁で獲った旬の鮭に塩を振り、積み上げて、鮭の重みで水分を抜きながら熟成させます。時間をかけた塩味のみでない、熟成した旨みが美味しい鮭です。昔は塩鮭を食べるときは、塩を抜く、味噌をつけるなど、食べる側が塩分の調整していました。保存食なのです。山漬けの鮭は養殖鮭にはない熟成味の日本の伝統食品です。

秋刀魚…灰干（はいぼ）しさんま

紀伊水道は和歌山県、徳島県、そして兵庫県淡路島に囲まれた海です。東西南北で約五十キロ四方の海域がある豊かな海です。和歌山県雑賀崎（さいかざき）と徳島県鳴門は海を隔てて向かい合うと

西出水産（和歌山市）

ころです。鳴門では和布を灰でまぶし、味、風味そして保存性を追究した名物「灰干しわかめ」があります。一方、対岸の雑賀崎には太平洋で獲った秋刀魚を灰でまぶし、味、風味そして保存性を高めた「灰干しさんま」が名物です。いずれも、灰の種類は違うものの、灰干しという独特の知恵でつくり上げられた本物の伝統食品です。古代から人は海峡を隔てて交流があったのでしょう。

灰干しさんまは厳選した秋刀魚を独特の製法で鮮度良く、絶妙の塩味でつくられます。一般の干物は干して（現代では室内での冷風乾燥）でつくられますが、魚の種類によっては酸化しやすくなります。独特の風味も干物の味ですが、灰干しさんまはまた格別の味です。

「灰干しさんま」は酸化を抑え、生臭みのない、鮮魚に近い魚そのものの味を楽しめます。日本での秋刀魚漁は江戸時代、延宝年間に紀伊（和歌山県）で始まったと言われます。巻き網漁で最初はイワシ網に入る秋刀魚を獲っていたのが、本格的な秋刀魚漁に変わったようです。秋刀魚の需要が増え、大衆的な魚になったことで、漁は秋刀魚を求めて北に遡上、千葉以北へ、そして今では東北、北海道が中心です。

鯖…鯖缶

世界遺産の島、屋久島で鯖の刺身を食べたことがあります。正直、鯖を生で食べることには不安がありました。一般には鯖は「鯖の生き腐れ」などと呼ばれ傷みやすく、加熱、酢締めなどの加工をして食べます。屋久島の獲れたての鯖は特別で美味でした。我が家の豆味噌でつくる鯖の味噌煮は絶品です。

鯖は世界でも広範囲に分布し、日本ではマサバ、ゴマサバが生鮮品としても販売されています。タイセイヨウサバは北海、ノルウェー産で、スーパー、回転寿司などに冷凍や加工品として輸入されています。日本での鯖の水揚げの多い漁港は、千葉県銚子、宮城県石巻です。近年は大分の関さば、宮城の金華さばなどのブランド鯖が人気になっています。
一方、鯖は大量に獲れる時には鯖缶として調理用、防災用につくられ利用されてきました。この鯖缶が最近、進化しています。従来の大手水産会社の鯖缶とは違い、旬のブランド鯖を使用して、無添加の調味料で丁寧につくられます。製造者は比較的小規模で少量生産ですが、思わず「美味しい」と言ってしまう品質の良い鯖缶です。温めるなどして、陶器の皿に盛りつけ、素知らぬ顔でテーブルに出せば缶詰とはわかりません。次の項では、身近にありながら、あまり知られていない缶詰の話を少しお聞きください。缶詰は保存食としてだけでない利用をしていきたい良い食材と思います。

熊野屋のお勧め

◉北海道オホーツクの鮭と鮭加工品

●北海道オホーツク雄武の山漬け鮭と鮭ほぐし（北海道紋別郡雄武 雄武漁協）

オホーツクの旬の鮭を山漬けした切り身の鮭。鮭を丁寧に骨、皮を取り、ほぐした身の塩鮭の瓶詰め。みりん、酒、砂糖で味付けた鮭の惣菜製品。雄武漁協の自慢のオホーツクの、ホタテ、イクラもあります。

◉秋刀魚（干物）

●紀州灰干しさんま
（和歌山県和歌山市雑賀崎 西出水産）

伝統の灰干し法で無添加の干物です。塩けが少なく、秋刀魚の目は黒く、酢締めでも美味しい秋刀魚。

◉鯖（缶詰）

●千葉とろさば水煮缶、味噌煮缶、焼き塩さば缶（千葉市 千葉産直サービス）

富田君は知識、情報量、行動力が揃った青年です。今までにない缶詰づくりを実践。千葉銚子での品質の高い魚の缶詰をつくります。焼き塩さば缶は鯖の焼いた皮まできれいに残した丁寧な手仕事に感激します。

●金華サバ水煮缶、味噌煮缶
（宮城県石巻市 木の屋石巻水産）

長年培った缶詰づくりを東北の津波災害にも負けず続けています。評判のサバ缶です。イワシ、貴重品の鯨（くじら）缶。

●木頭ゆず寒サバ水煮缶　ゆず味噌煮缶
ゆず塩オイル漬け（徳島木頭村 KITO　YUZU）

四国徳島の山奥、木頭村ゆずをたっぷり入れた寒サバの缶詰です。柚子味がさわやかでエレガントな缶詰。

缶詰は理想的な食材です
――しかし、日本国内の生産も消費も長期減少傾向がつづいています

【缶詰】

人類が食物を蓄（たくわ）えたりする方法の中で、その保存性、便宜性、経済性などで缶詰は理想的な食品でしょう。缶やビン詰めの基本製造法を発明したのはフランス人でした。食物をビンに入れ密閉し、湯で煮沸する真空加熱殺菌の原理です。一八〇四年、発明者ニコラ・アペールは当時の皇帝ナポレオンから多額の賞金を得たそうです。今日のようなブリキ缶は一八一〇年にイギリスで発明され、その後アメリカへ伝わり、缶詰工場での製造が本格化しました。南北戦争では軍用食料としての缶詰の需要が増え、今のアメリカの缶詰産業の基礎となりました。

日本の缶詰の生産、需給量は、現在減り続けています。保存性、便宜性の良い缶詰には戦争用、災害用、などの負のイメージがついているのではないかと思います。ヨーロッパやアメリカの食品売場にはじつに多種多様な缶詰が並んでいました。みやげには重くて荷物になりましたが日本まで買って帰りました。欧米では素材缶やオイル漬けが多いようです。日本でも、最近は缶詰製品の内容の工夫や、缶詰を利用した料理レシピも多くなり、缶詰の復権も期待されています。

缶詰の賞味期限について

缶詰は理想的な保存食です。賞味期限は他の

食品にくらべて長く、昔は十年ともいわれた時がありました。今の日本では魚介、果実、野菜、食肉及び調理食の食料缶詰は三年が目安となっています。各メーカーが、常温で保存し「おいしく食べられる」期間として表示します。ただ、流通、販売の段階で消費者の賞味期限に求める感覚は、「新しい日付が良い」というもの。一般食品と同じ考えですね。じつは調理された缶詰は、つくりたての製品よりも少なくとも一年以上経た製品の方が、味がしみて熟成が進み、美味しくなるという特徴を知っておく必要があります。

以前、テレビでみた番組で、缶詰工場の製造者が「本当は出来立てより、賞味期限に近い日付の製品の方が味がなじみ、おいしい」と述べていたのが印象的でした。缶詰の賞味期限を見る時にぜひ思い出してください。

みかんの薄皮はどうやって取るのでしょう?

皆さんはみかんを食べる時に内果皮（ないかひ）という薄皮はそのまま召し上がりますか？　それともむいて召し上がりますか？　缶詰のみかんは薄皮も取り除いていますが、どのような方法で取り除くのかご存じでしょうか。

じつは酸とアルカリの反応を利用して薄皮を溶かしているのです。薬品の塩酸と中和剤として使われるのは苛性ソーダ。薬品が残らないように微温液での処理と水洗いで薄皮は除去されます。ただし問題なのは、みかんの旨みや味も影響を受けること。だから、糖類や異性果糖の液、酸味料などを使用して味を調整しているのです。

化学処理をしない、内果皮（薄皮）つきのみかん缶詰があります。果物の旨みは皮と実の間にあるといわれます。シロップは美味しいみかんの果汁でつくられます。

熊野屋のお勧め

◉内果皮つきみかん缶詰
●「海辺で育った果物たち」みかん缶詰としらぬい缶詰
（愛媛県大洲市 いのうえ果樹園）

瀬戸内の太陽と潮風の自社果樹園のみかん缶としらぬい（デコポン）缶。自然な味と風味の良い缶詰です。

人類最古の甘味
――ハチミツは人と動物が獲りあってきた甘味です

【蜂蜜】

クマのプーさんは壺に入った蜂蜜を食べますが、自然の熊、サルなどは人と争い蜂蜜を獲り合ってきました。動物も人も蜂蜜の甘い味は大好きです。人類の歴史で蜂蜜は最古の甘味料です。養蜂の始まりは野生の蜂の巣を人が家に持ち帰ったことからです。人の手で管理して蜂蜜を得ることは、古代エジプト、ギリシャや日本でも『日本書紀』に記述があるほど古い歴史があります。

ただ現代日本での蜂蜜は危機的な状況です。一番は蜜源の減少です。昔は農村にレンゲ畑がたくさんありました。稲を刈り取った後に肥料としての役割があったのです。今は農薬や化学肥料、除草剤の影響でレンゲはありません。レンゲの他にもみかん、アカシアなどミツバチが必要な花や木が減っています。また転飼養蜂（てんしようほう）という花を追って巣箱と共に日本列島を縦断して蜂蜜を採取する人も減っています。

ミツバチにも変化があります。生息環境の悪化やさまざまな要因で寿命が短くなり、蜂群も増えなくなっているのです。また、市販されている蜂蜜には「まぜもの」や「安価」なものがあり、これもある意味で問題です。消費者が「安い」蜂蜜を求める傾向が「輸入品」「偽和品」を産みます。蜂蜜は小さな蜂たちが命を賭けて集めた貴重品です。大切に使いたい甘味です。

熊野屋のお勧め

◉ハチミツ

●国産蜂蜜　レンゲ、みかん、アカシアなど（静岡県藤枝市　秋山養蜂）

気候温暖な藤枝の土地で秋山養蜂は貴重な国産蜂蜜を製造、販売しています。国産蜂蜜を守っています。

●はちみつりんご酢

アメリカのバーモント州の「ハチミツとリンゴ酢」を利用した健康法から生まれたドリンク。添加物、保存料を一切使用していません。

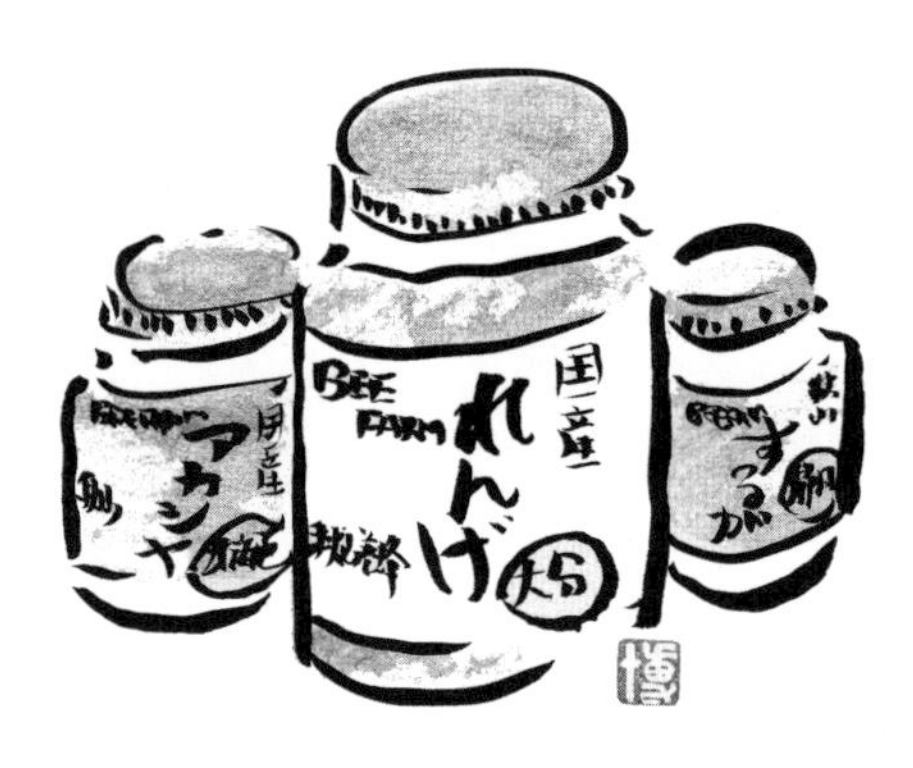

天皇家に愛された食品です

——皇室の方々にはなじみ深い菓子です

【米飴】

飴は澱粉（デンプン）を利用してつくった甘味料です。原料や製造法でいろいろな種類があります。水飴と呼ぶ酵素や酸を利用して澱粉を分解してつくる飴。菓子に加工した飴玉、ドロップキャンディ。米飴は粳米や糯米を麦芽の酵素を利用して、米を糖化し飴にした日本独自の甘味食品です。砂糖とは別のやさしい甘味です。米飴は、まだ砂糖が貴重品だった時代から日本の甘味としてつくられてきました。長い歴史があるのです。

新潟県上越市（旧越後高田）に江戸時代から約四百年以上続く飴一筋の店があります。代々襲名され高橋孫左衛門と呼ぶ当主とお付き合いがあります。古代から雑穀の粟でつくられた飴を四代目が原料を糯米に替えて、淡黄色透明の米飴をつくりました。この飴の美味しさは明治になって天皇家のお気に入りとなりました。昭和天皇が最後の病床で召し上がった食物として新聞にも取り上げられました。米飴は甘味として滋養や療養にも使えます。

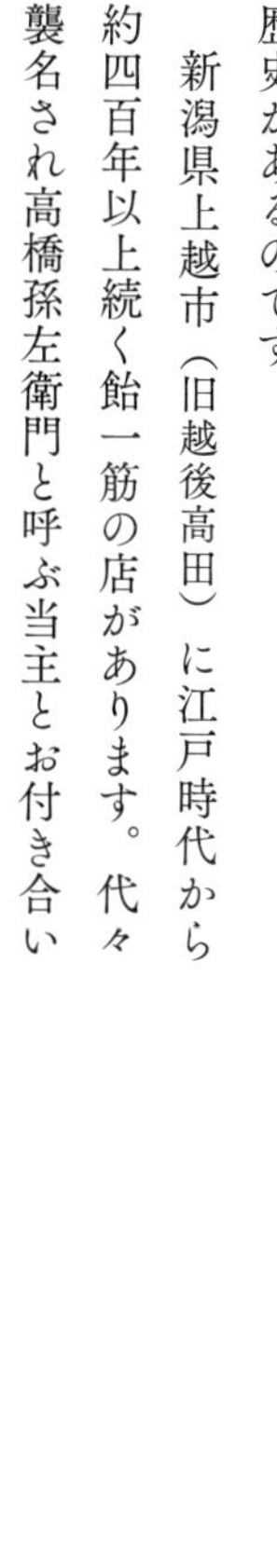

熊野屋のお勧め

◉飴

●粟飴（あわあめ）　翁飴（おきなあめ）　笹飴（ささあめ）

（新潟県上越市 高橋孫左衛門商店）

伝統食品の粟飴（米飴）を原料とした菓子「翁飴」は上品な和菓子です。また越後名物の笹飴は夏目漱石の小説「坊ちゃん」にも登場します。北国街道沿いのお店は国の登録有形文化財となっています。

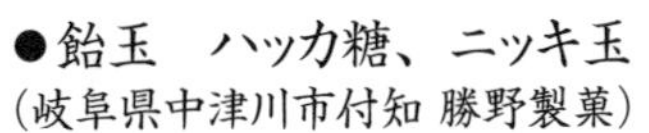

●飴玉　ハッカ糖、ニッキ玉

（岐阜県中津川市付知 勝野製菓）

木曽川の上流域、長野県付知で勝野さん家族がつくる手づくり飴です。着色料などは使いません。水飴と砂糖そして素朴で自然なハッカ（薄荷）とニッキ（桂皮）の香りやさしい味の飴玉です。

職人の技と個性が光ります

――食べ物づくりに情熱をかける生産者のお話

【スモークサーモンと辛子明太子】

スモークサーモンを初めて食べたのは二十代の半ばでした。フランス料理の前菜に供されたキレイなオレンジとピンクのスライスしたサーモンにケッパーとたっぷりのレモン果汁。こんなに美味しいものがあるのかと感激しました。

北海道、流氷の来るオホーツク海に面した紋別の町に安倍哲郎という燻製(くんせい)職人がいます。彼のつくるスモークサーモンは最高です。明太子は日本では比較的新しい食べ物です。第二次世界大戦後、韓国からの引き揚げ者が朝鮮半島南部の食べ物、スケトウダラの卵の唐辛子漬けを伝えました。後に新幹線が博多まで開通して以降、九州辛子明太子として全国に広まりました。

北九州市小倉に緒方弘という人物がいます。彼は独自の明太子をつくり、独自の方法で鰻も焼きます。

北海道　安倍哲郎のスモークサーモン

食品づくりにおいて製造者の個性を述べるのは少し不自然な気がします。しかし、私の安倍哲郎のイメージを話さないと、彼のつくるスモークの味を想像していただけないかもしれません。一九六七年のフランス映画「冒険者たち Les Aventuriers」という名画があります。三人の若者の青春映画です。アランドロン、ジョアンナシムカスそしてリノヴァンチュラ。映画の役柄も演技もリノヴァンチュラが二枚目俳優のアランドロンを食っていました。シャイで控えめでそして内には信念がある。私の安倍哲郎のイメージです。

彼は大学の仏文科を卒業後、家業の海産物加工業を継ぐために北海道の実家に戻りました。しかし、時代の流れで家業の継続は難しく、独学で燻製を学び、奥さんと二人で燻製職人として生きていくことになりました。いつもニコニコ控えめに笑います。コツコツと味を追究し、真っ黒な燻製小屋で丁寧に製品をつくります。火の温かみで鮭や鱒、ホタテを厳選した調味料で、添加物を使用せずスモークします。

九州　緒方弘の辛子明太子

小倉の町には不思議な雰囲気があります。九州でも福岡や長崎とは別の空気と匂いと人の魅力です。

これは私の個人的なイメージですが、小倉の緒方弘の人物像が私を特別な気持ちにさせます。一九五八年製作の日本映画「無法松の一生」は名監督稲垣浩がベネチア映画祭で金獅子賞をとった名画です。三船敏郎が演じた主人公が松五郎です。当然映画のストーリーと緒方弘の話は一致しません。ただ映画と小倉の町と緒方弘が重なります。北九州は鉄の町（八幡製鉄）です。鉄が日本を支えた時代が変わり、彼の田舎庵という料亭は今では鰻の名店と名物明太子の店になりました。

彼の明太子には「本物をつくる」というこだわりがあります。北海道の新鮮な「釣り物」の鱈子（たらこ）でつくります。原料の「釣り物」はスケトウダラを延縄漁（はえなわりょう）で魚体を傷めず吊り上げる漁法の鱈です。一般の明太子の多くは冷凍輸入卵でつくられ、それは着色料と添加物の塊といえるでしょう。緒方弘の「たらこ」は生臭くなく、鮮度の良さが感じられる粒がたつ魚卵です。一度彼の鱈子と明太子を食べるとほかのものは食べる気がしません。彼は鰻の蒲焼も備長炭の火と格闘して焼きます。身はふんわりと、皮はカリッと香ばしく、タレも甘すぎず辛すぎず、私の好みです。

熊野屋のお勧め

◉スモーク製品

●スモークサーモン、マススモーク、ホタテ、蛸スモーク

（北海道紋別市 フューモアール）

養殖の鮭や添加物などは使用しません。北の魚介類をていねいな仕事で扱い、人柄がにじみでる燻製づくりです。

◉「たらこ」と辛子明太子　「鰻蒲焼ビン詰め」

●田舎庵「釣りたらこ」と「無添加柚子風味辛子明太子」

（北九州市小倉 田舎庵）

釣りものの鱈子でつくります。添加物や着色料を使いません。いわゆる「真っ赤なたらこ」ではありません。

●田舎庵「鰻茶漬け」

田舎庵の鰻の蒲焼をビン詰めにした逸品です。蒲焼のタレづくりも厳選した調味料を使います。

知っておきたいお酒の話

―お酒も食品なんですね

『広辞苑』をひもとけば、「お酒はアルコール分を含み、飲むと酔う飲料」と書いてあります。食品は「人が日常的に食物として摂取する物の総称。飲食物」です。食品のなかの飲料でもお酒はアルコール分を含む嗜好(しこう)飲料で、他の食品とは区別されます。また製造、販売も他の食品とは違い、国の製造、販売の許可が必要です。お酒は食品ですが、一般の食品とは違って、そこには特別の世界がありますね。

お酒はアルコールという成分で人を魅了、酩酊させます。食品として基本の五味の区別からは苦味に分類されます。人は初めて酒を口にした時には「苦い」と感じるようです。味覚に詳しい河野友美さんの話では「苦味は人の生理では左右されない味であり、人の感情により左右される味である。味覚の分類からは苦味は情緒的な味、あるいは趣味的な味とされている」そうです。確かに、気分の良い時に飲むお酒の味は美味しく、気分のすぐれない時の味は苦く、いやな味と感じます。また、アルコールの働きで陶酔、麻酔、興奮などの精神的な作用が起こります。食品の中でも人との関わりが複雑で深く、宗教、政治、経済、芸術や文化、時として権力者に支配、利用される食品といえます。

近年の日本での食品生産額のうち、農水産物、飼料などの一次生産食品を除くと、酒類の生産額の比率は高く、全体の一五%ほどにもなります。乳製品は九%、調味料は六%、油脂は二%など、酒類の経済的な市場規模の大きさがわかります。国はこの経済規模を酒税という国税で重要視します。

酒税という税金を詳しく見てみましょう。平成二十八年（二〇一六）の国税の内訳を見ると、全体の中で酒税は二・二%、タバコ税は一・七%となり、ふたつ合わせると、ガソリン税と匹敵する国の大きな財源です。酒税の徴収は製造者の酒造メーカーからされます。元で税金を確保し販売を許可制にして、税を全体で管理する仕組みです。そのため我々消費者はお酒の酒税の額を意識しにくいのです。しかもお酒の購入時には酒税を含めた商品価格に消費税が掛かります。いわば税の二重加算とも言えます。

酒類の消費は平成二十八年の国税庁の資料では約八五四万キロリットル。日本の経済人口が少子、高齢化するなかでも増加傾向にあります。中でもビール類は総消費量全体の約七〇%にもなります。酒税は製法などから四種類に分類されます。「醸造酒類」「蒸留種類」「発泡性種類」「混成種類」で、分類ごとに異なる税率が適用されます。しかも四種類に分類された酒類は次に十七品目に区分され税率は一キロリットルあたりで税金が掛けられるのです。今後も酒税は時代の変化に合わせ、日本の人口減による減少は避けられないものの、国は酒税が減らない方策を採ることでしょう。お酒を飲むたびに酒税を考えることはありませんが、知っておくべき「お酒」の重要な部分です。

お酒のいろいろな話

お酒と税金の話で、少しお酒がまずくなってしまいました。お酒のいろいろな話で気分転換しましょう。

アルコール飲料

日本では酒税法で「アルコール飲料とはアルコール分一度以上含有する飲料である」と定義しています。これは食品としての定義ではなく、国の経済面での酒税徴収のための定義です。アルコール飲料を食品として考えてみましょう。

原料からは大きく二つのお酒に分けられます。一つは原料の澱粉（デンプン）をアルコール発酵してつくるお酒。この種類には日本酒、焼酎、ウイスキー、ビールなどがあります。もう一つは原料の糖（トウ）をアルコール発酵してつくるお酒です。ワイン、ラム酒などです。いずれのお酒も発酵、熟成などの製法が必要です。そして製造法から種類を分けると、次のような種類があります。ただし、酒の製造で人工的な合成や加工品は別です。

＊アルコール発酵させてそのまま飲む醸造酒。日本酒、ビール、ワインなど。

＊アルコール発酵させたのち加熱蒸留してつくる蒸留酒。アルコール濃度の高い焼酎、ウイスキー、ブランデーなどです。

【麦酒（ビール）】

ビールにも個性を求めたい

ビールは世界でも消費量の一番多いアルコール飲料です。平成二十八年（二〇一六）の世界の総消費量は約一億八六八九万キロリットルです。国別では中国が一位。ドイツはビール王国と思われがちですが、ドイツは五位、日本は七位です。一人当たりの国別の消費量からは一位チェコ、ドイツは四位です。

ビールの原料は麦芽、ホップ、水、酵母（イースト）です。麦芽はモルトと呼ばれ、麦（種類は大麦、小麦など）の種子を発芽させたものです。他の食品にも利用されます。ホップは蔓（つる）性の植物です。ビールに苦味と香りを与えます。水はビールづくりには欠かせません。原料で一番多く使用されます。酵母（イースト）は原料の糖をアルコールと炭酸ガスにします。（酵母については別項）その他、副材料に日本では米やコーンスターチなども利用されます。ドイツのようにビール純粋令（法律）の国は使用しません。

ビール製造で酵母の発酵方法は上面発酵と下面発酵に分かれ、それぞれで味、色、香りなどの違いになります。日本で製造されている多くのビールは下面発酵でつくられます。黄金色で淡色、爽やかな飲みやすい味といわれます。一般的に飲まれているほとんどのビールがピルスナーと呼ばれる種類です。ピルスナーという名前はチェコのピルゼンで生まれたビールの種類名です。日本では大手四社が同系統のビールにいろいろなネーミングやキャッチコピーをつけて販売を競っています。例えばラガー、ドライ、モルト、一番絞りなど、いずれも本来の言葉の意味とは少し違うようです。例えばラガーは「貯蔵する」意味であり、一番絞りは「油や醸造での業界用語」です。メーカーはネーミングなどでシェア争いに一生懸命です。

日本の酒税の高さのみが理由だけではないと思いますが、チェコのビールの値段はコーラよりも安く、日本のミネラルウオーターの値段と同じくらい、容量五百ミリリットルで約百五十円です。安くても粗悪ではなく、チェコの世界遺産の街チェスキークルムロフのビール工場のビールは爽やかでとても美味しいビールでした。楽しみ方も違います。ベルギーの古都ブリュージュのレストランでムール貝と共に飲んだビールは特殊なフラスコグラスに入り、飲む時に音がするクワックビールでした。日本では「とりあえずビール」などと、ビールに個性が少ないように感じます。日本のクラフトビール（地ビールとも呼ばれる）の生産者も規模の大きさや製造量を追わず、厳選した良い原料と純正で丁寧な加工、そして個性豊かな味わいを追究し、ビールの良さが楽しめるようにしてもらいたいものです。

酵母の話

酵母は英語でイースト。いろいろな発酵を利用した食品に利用されます。ビール以外に日本酒、ワイン、パンにも使用されます。同一種のS・セレビシィエと呼ばれる菌です。自然界に生息し、普通に顕微鏡で観察できる菌です。

現代では食品それぞれの目的に応じて菌は選別され育種され、培養し利用されます。酵母の姿や役割がわからなかった古代ではビールづくりはパンづくりからの応用でした。科学的には酵母は食品の糖分を分解してアルコール発酵と同時に二酸化炭素を出します。パンづくりではパンを膨らまし、ビールづくりでは泡の元になります。

熊野屋のお勧め

◉ビール

●熊野古道ビール（三重県伊勢市 伊勢角屋麦酒〔二軒茶屋餅〕）
お伊勢さんで老舗のお店、二軒茶屋餅。マイルドエールタイプの麦酒です。さわやかな香りで重厚な味です。

【葡萄酒（ワイン）】

ワインってわからない！

葡萄酒（ワイン）は世界でも最古のお酒のようです。二〇一七年十一月のニュースでは大相撲力士の栃ノ心の故郷ジョージアで約八千年前のワイン醸造の痕跡が発見されたそうです。今のジョージアに隣接する古代オリエントから始まったワインはギリシャ、イタリア、フランス、スペイン、ドイツと広まりました。現代の国別でのワイン生産は一位フランス二位イタリア三位スペインと上位は変わりませんが、ニューワールドと呼ばれるアメリカ、オーストラリア、南米チリなどで生産量が増えています。ワインの歴史が長いゆえ、関連する話題やワインに関する蘊蓄はたくさんあります。ここではあまり触れられていない話をしましょう。

ワインの原料は葡萄です。当然、原料の葡萄の質がワインの品質に影響します。葡萄の品種、気候や風土の条件でさまざまなワインがあるのもワインの良さです。ギリシャのエーゲ海に浮かぶサントリーニ島で見た葡萄栽培はエーゲ海の海風が吹く土地で、葡萄の木をぐるぐる渦巻状に巻きつけて栽培していました。スイスの世界遺産になったレマン湖畔のラボー地区の葡萄栽培は山の斜面に階段状の葡萄畑があり、生産者の話ではラボーの葡萄栽培には三つの太陽があるとのことです。一つは本物の太陽、二つはレマン湖の反射光、三つは階段状の石垣の蓄える輻射熱です。ワインは風土そのものなのです。

ワインは日本酒の醸造のような複雑な工程や作業はありません。種類も赤、白とロゼの三種です。収穫した葡萄を絞り、果汁をタンクに入

れ酵母で発酵させます。酵母は元の葡萄につい
た酵母か、培養した酵母を使います。酵母の働
きで発酵した原汁は澱を取り、樽につめ貯蔵し
ます。赤、白、ロゼの種類と熟成、貯蔵年数、
ブレンドなどでさまざまなワインができあがり
ます。

ワイン醸造での亜硫酸塩の話

多くのワインの醸造では亜硫酸塩が使用され
ます。ワインには酸化防止剤として記載されま
すが、製品に添加する添加物の意味とは少し違
います。醸造の過程で雑菌などが発生するのを
防ぐために使用されるのです。乳酸菌が大量に
繁殖するとワインは酸敗して飲めなくなります。
また、亜硫酸塩はワイン醸造で有害汚染菌の殺
菌やワインの酸度や色素、果汁中のタンパク質
やタンニンを凝固沈殿するなどの品質管理の面
からも使用されます。昔はワイン樽に硫黄を入
れ、火をつけて亜硫酸ガスを発生させて亜硫酸
塩を樽に染み込ませる方法でした。使用量の削
減は必要ですが、一般の食品添加物の使用法と
同じに考えて、無添加が良いワインの条件とは
言えません。無添加ワインと称される製品のす
べてが品質の良いワインと誤解しないように、
正確な亜硫酸塩の知識と理解が必要です。

ワインの困った話

ポートワイン、シェリー酒のような酒精強化
ワインというアルコール分が高い、香りと濃厚
な味のワインがあります。日本でワインの知識
が乏しくワインが薬と同じように考えられた時
代には、輸入ワインにアルコールと甘味料や添
加物で合成された赤玉ポートワインという飲み
物がありました。本場のポルトのポルトガルか
らの「似て非なる製品」という抗議を受け、
ポートの名前は削除されましたが、今でも類似
品や粗悪な輸入ワインを混入ブレンドした低価
格のワインはたくさんあります。

今では忘れかけられた食品偽装事件に一九八
五年に起きた「毒入りワイン事件」があります。

オーストリアでワインにジェチレングリコールという化学液を甘味の目的で使用し、混入されたワインを日本のワイン会社が輸入し製品にブレンド、高級ワインとして販売した事件でした。「樽買い」と呼ばれる輸入ワインを国産ワインにブレンドする製品は、今でも市場で多く販売されています。原料の安さや、製造の手軽さなど利益を得やすい商品のようです。

日本にも本格的な葡萄栽培から、発酵、熟成、貯蔵などの純正な醸造法で製造した純日本ワインがあります。近年は日本ワインとして海外でも認められ、輸出もされています。日本は製造、販売、流通、消費の過程でも、消費者のワインの知識や理解も、そしてワインの楽しみ方までふくめ、まだまだワインの世界では発展途上国のようですね。平成三十年に国税庁はやっと、表示基準「日本ワイン」を明確化しました。

最後にワインはわからない、とおっしゃる方にワイン研究家の山本博さんのこの言葉はいかがですか？

「安くて日常飲むワインはポピュラー・ミュージック、高級ワインはクラシック音楽のようなものだ」

熊野屋のお勧め

◉日本のワイン

●伝統品種の甲州種ワイン

（山梨県甲州市勝沼 中央葡萄酒）

グレイスワインのブランドで国産葡萄を自社で栽培、日本のワインをつくります。日本百名山の著者、深田久弥さん終焉の地である山梨県、茅ヶ岳山腹の自社葡萄畑は南アルプスの名峰甲斐駒ケ岳と八ヶ岳を一望する、すばらしい景観と環境です。日本人の繊細な感性で日本のワインは世界を目指します。

●周五郎のヴァン

作家山本周五郎が愛したワイン。本格的酒精強化ワインです。寝酒にぴったり！

【日本酒】

日本酒ってすごいお酒です

日本酒は日本古来の伝統のあるアルコール飲料です。米が主食である日本の固有のお酒です。当然、米で造る酒であり、長い歴史の中で育ち、また変化してきたお酒です。

「酒は純米、燗(かん)ならなお良し……日本酒とは純米酒のことである」と酒造界の生き字引と呼ばれた上原浩さんは力説されました。上原さんが力説しなければならない純米酒とはどういう意味でしょうか？　日本酒は米だけでつくられているのではないのでしょうか？　少し、日本酒の歴史を知らなければなりません。

日本の米の酒の始まりは縄文、弥生時代の米づくりの初期から始まったと推定されています。奈良平城京の発掘調査では奈良時代の酒造りの役所の遺構が発見されました。その後の長い歴史のなかで、現代と同じ酒造りの基礎は江戸時代後期に確立されたようです。日本人の特性である細部までこだわる、技術を磨く、完璧を求めるなどの、いわゆる「職人気質」が世界でも稀な複雑な工程や加工、細かな部分まで神経を使う日本酒造りを進化させました。日本酒は伝統産業の最たる食品といえます。

しかし大きな変化が戦争で起こりました。とくに第二次世界大戦における戦中戦後の米不足は、アルコールや糖類等を添加する方法で米のみ原料とした日本酒造りを変えました。しかも、緊急避難策としてのこの技術は、米余りの今でも継続され、堂々と商品（清酒）として販売され続けています。このことは大豆不足から油分を採った残りの粕（脱脂大豆）を利用する味噌、醤油醸造と同じく、製造者の経済的、経営的側面からも、利用され続けています。米と水のみでない日本酒は純米酒とは呼べません。現在も酒税では日本酒を清酒と呼び、いろいろな酒税法での定義を定めています。合成清酒も税の対象ゆえ、米を使用せずとも立派に日本酒に入っています。誰もが知る大手メーカーも製造しています。

日本酒の特殊性

日本酒はデンプンを酵母で発酵させる醸造酒ですが、麹を使う部分で製法は独特です。麹は「米に生えるカビ」であり、カビの生えた米を種として蒸米に植え、育て、増やし利用します。このカビは麹菌であり、麹菌の利用は日本では長い歴史の中で試行錯誤を繰り返し発展してきました。室町時代には種麹屋の記録もあり、酒、味噌、醤油製造の元締めの役割があったようです。化学の知識のない時から日本では発酵技術を進化させつくってきたのです。日本酒造りで酒麹は麹に含まれる糖化酵素で米のデンプンをブドウ糖に変えます。ブドウ糖を酵母がさらにアルコールにしていきます。糖化と発酵が同時に進行していく特別な発酵技術で日本酒ができあがります。技術的にはこれを並行複発酵と呼びます。他のアルコール飲料にはない複雑な醸造工程と手間と技術が必要です。世界に誇れるすごいお酒です。

日本酒の将来

日本酒は原料米の品種（酒造好適米）、精米技術（精米歩合）、使用する水質（仕込み水）、麹や酵母、蒸しと仕込み、温度管理、搾りと貯蔵、濾過と火入れ等、製品にするまでの工程の多さと技術面での技量の差が品質差につながります。このような手間ひまかかる伝統技術を効率化とコスト削減を目的に、消費者の嗜好の変化などの理由で工業的につくりだした負の技術もあります。日本酒の世界には今後も、伝統食品の継承とはいえない、バイオテクノロジーの応用、新技術、新酵母などが現れることでしょう。

日本酒の世界のみではありませんが、戦後から昭和四十年代頃までは日本の戦後復興の中、酒も消費量が増え、大手酒造メーカーが製品の販売量の確保を目的に使用した「桶（おけ）取引」という商品製造方式があります。地方にある中小の蔵から酒を買い（桶買い）、自社の酒としてブレンドして、製品を流通、販売します。

一方、多くの地方の蔵は自社の酒の質を上げる努力よりも量をつくり、売上げと利益を図る酒の（桶売り）に走りました。市場での大手メーカーとの競争などの中で、蔵の生きる道として仕方のない選択だったかもしれません。質より量を求める傾向は日本酒が日本の固有の酒であり、日本人が自慢できる立派な食品というプライドをも損ねている状況を生んだような気がします。戦前の昭和十五年頃には約七千あった酒蔵が昭和三十年に戦後のピーク約四千蔵に、その後、減少し続け、平成二十八年三月の国税庁のレポートによれば平成二十六年には一六三四場（酒類製造業の内、清酒製造場）です。酒蔵（製造所）の減少や製造量の減少を嘆くのではなく、日本酒の製造者、技術者は日本酒の伝統である本来の純米酒に戻るべきと思います。まともな考え、まじめで丁寧な仕事は、今の時点での派手さや金銭的に恵まれることは少ないかもしれませんが、必ず、世間や海外の世界で認められると信じたいと思います。

みりんに酒税？

──みりんもお酒なんです

【味醂（みりん）】

味醂は酒税法では混成酒という分類です。本当の食品としての「味醂」は甘いお酒（リキュール）です。リキュール（Liqueur）はヨーロッパで発達した発酵酒（主に蒸留酒）に蜂蜜、砂糖やハーブ、果物などを入れたお酒です。イタリア、フランスでは初期は薬用酒として利用されたようです。昔、南仏プロバンスの小さな街で知らずに入った店はリキュールの専門店でした。店内は彩り豊富で、可愛いビンのリキュールが店に並ぶ、おとぎの世界にあるような光景でした。味醂は日本を代表するお米のリキュールです。

みりんは今では調味料として利用されますが、昔はお正月にお屠蘇（とそ）という一年の厄除けと長寿を祝うお酒がありました。今では知らない人も多くなりましたが、みりんや酒に屠蘇散（とそさん）（ニッキや山椒などを配合した薬草）を入れて、杯（さかずき）を年少者より年長者へと勧め祝う風習です。みりんは戦国時代に甘いお酒として始まり、江戸時代には現代と同じ製法が完成しました。最初は女性やお酒が苦手な人に好まれ、砂糖が貴重だったこともあり、調味料としての利用がすすみました。基本的に、製造には米を利用するために、戦中、戦後の昭和十七年から二十五年まではみりんの製造は禁止されました。昭和二十六年にみりん製造が再開されましたが、高い酒税のため、身近な調味料としてのみりんの製造は減少しました。代わりに製法や成分が異なるみりん風調味料や発酵調味料が、酒税法の枠の外で製造コストの安さと販売価格の安さで一般に広がりました。日本酒や味噌醤油の世界と同じニセモノ食文化が広まってしまったのです。

酒税がかからない「みりん風のみりん」は原料価の高い糯米や焼酎を使わず、水飴などの糖類、酸味料、味の薄さを補う化学調味料など、さまざまな材料で合成されます。アルコールを使用した場合は塩を入れ、酒税法の枠外となる不可飲（ふかいん）処置をします。このため昔からのみりんは「本」をつけて「本みりん」と呼ばれるようになりました。ただし「本みりん」も「本物」ではない製品の方が多いようです。原材料やつくり方が伝統製法ではないのです。酒税が掛かる「本みりん」でも、原料表示を確認して、醸造用アルコールや糖類を使用しない、国産米使用の本当の「本みりん」を選んでください。料理にご使用の前に一度、飲んでみることをお勧めします。残念ながら、一般の販売市場でこのような本物の「本みりん」が少ないのが現実です。

熊野屋は現在、酒類販売の一般酒販免許を取得しています。二十五年ほど前に「本みりん」を販売するために、免許申請をした際には限定免許（混成酒リキュール類）でした。近隣の酒小売店との距離規制もありましたが、「本みりん」を販売する目的のみの酒販免許申請は珍し

熊野屋のお勧め

◉本みりん

●白扇酒造　本みりん（岐阜県川辺町 白扇酒造）

原料の糯米は品種「高山もち」と国産糯米のみ。自社製「米焼酎」で長期熟成の琥珀色のみりんです。

●角谷文治郎　三州三河みりん（愛知県碧南市　角谷文治郎商店）

愛知県碧南地域は昔より「みりん」製造の盛んな土地です。角谷さんは本みりんで伝統製法一筋です。

●九重味醂　九重桜（愛知県碧南市 九重味醂）

創業以来二百四十余年、日本最古の味醂蔵です。蔵には本みりんを味合う素敵なレストランがあります。

いと、酒税官に言われたことは記憶に残っています。本物の「本みりん」の実力は使わない限りわかりません。

「悪貨は良貨を駆逐する」のことわざは、食品もお酒とみりんの世界でも同じです。

熊野屋のお勧めの酒販店のこと

お酒は、酒の知識や情報を持ち、相談ができる酒販店で購入したいものです。

酒を選ぶことは、酒をつくる人、販売する人を選び、お酒を楽しむ世界を選ぶことにつながります。

酒税法では酒類の販売は許可制です。ただし酒税法では販売する酒の本質となる品質には触れません。各地域の国税局の販売上での主な指導は、一番には未成年者に対する販売の厳格化、飲酒運転防止と販売取引上での公正さです。ただ公正さは消費者にとっての意味ではなく、業者にと言う意味での矛盾をふくんでいます。酒税の安定した徴収のためには業者間での過度な販売競争を避けたい思惑があります。

酒類を販売する酒販店の話は、本当はお酒にとっては大切な部分です。日本の酒販免許は卸売免許と小売免許に分かれます。消費者にとって窓口として直接関わるのは小売の酒販店です。平成二十六年で全国に十七万五千八十六場(国税庁)あります。以前は町や村に一定の地域範囲で酒小売店が存在しました。国税局ではいろいろな規制を設け、同一地域での競合や価格競争を防ぐ意味で販売許可を規制してきました。

しかし、消費社会の変化で、お酒のおもな購入場所が専門小売店からスーパー、コンビニ、ドラッグストアなどに移行したため、事実上、国税局は酒販店間の距離規制を外し、販売量の多い大規模な酒販店を増やしました。小規模な小売酒販店の多くは廃業に追い込まれました。平成七年の業態構成は一般小売酒販店が全体の七八・八%、スーパーとコンビニで一六・五%。十八年経た、平成二十五年の調査では小売酒販店は三一・三%、スーパーとコンビニで四五・一%の比率構成になり、小売販売の形態が変わりました。

　今後も小規模な小売酒販店は減少し続けると思われます。このことはお酒に関する正確な情報、知識、そして見識は、人から人へ伝わりにくくなります。単なる商品データ（数字や文字）のみが販売現場では消費者との接点となります。一番は価格。値段の安い、高いが基準です。製品の品質は、消費者は販売用の広告と自己責任で選択することになります。

　お酒は食品の中でもアルコール飲料です。お酒のような特別の食品の販売には、人が関わるべきと思います。お酒は嗜好品です。人と人が深く関わってこそ魅力も増します。お酒に、知識と愛情を持つて酒を造る人、そして、その酒を販売する人が、お酒を楽しみたい人との橋渡し役になることが理想です。

　酒販店では、お酒や食品に関して、一緒に会話も楽しんでください。お酒には酔うだけでない、豊かな世界があります。酒と肴、酒と文化、酒と芸術、酒と人など……。巻末に、私どもと交流のある酒販店を記載します。

【コラム】熊野屋の使命

「伝統食品」と「伝統」

伝統とか手づくりという言葉は、食品販売の際キャッチフレーズとして良く利用されます。では本当にその言葉と実体は同じでしょうか？

伝統食品に詳しい藤井建夫さんは、「伝統食品は土地の産物や気候風土を上手に生かして長年の試行錯誤の結果つくり出してきた、いわば人間の知恵の結晶」と説明されています。そして、今ではその伝統食品が「昔と違う伝統食品」になっており、「消費者志向に迎合して、機械化や量産化に伴い、さまざまに改変され、昔と同じ名称で呼ばれても、見かけは似ていても中身はまるで別物の食品では」と疑問を呈しています。

日本の味噌、醤油、漬物、酒などは、本来、醗酵という伝統製法でつくられます。すべて伝統食品と呼べますが、現実に流通している製品はどうでしょうか。残念ながら、原料、製造法や流通、販売方法からは伝統と呼べない商品が多いようです。

良い原料の確保、時間や手間のかかる伝統製法を守ることが難しい時代です。

熊野屋は「豆味噌と豆たまり」を特別に蔵で伝統製法を守ってつくっています。厳選した原料、純正な製法、現代では削ることが多い「熟成という時間」もしっかりかけてつくります。少量でも本物をつくり、知って食べていただくことが重要と考えています。小さな店が単独で、すべて昔と同じという意味での伝統食品を守ることは難しいでしょう。古語の「貧者の一灯[*]」かもしれません。

熊野屋は江戸時代から約三百年、長い年月を経て今に至る歴史と伝統を守っています。しかし、過去の歴史、経過を思えば、すべて同じことを続けていれば伝統を守れるとは言えないことも経験してきました。
「伝統食品」も「伝統」も同じです。時は河のように流れ、留まらず、動き続けます。思えば伝統も過去に留まるものではなく、常に「新たに」変化し続けるなかにあります。変化することが守ることとも言えます。生物学者の福岡伸一さんの「動的平衡」という考え方から私が思うことは、伝統も直線的に続くのではなく、基本、基礎を崩さず円形的に更新や循環を繰り返し、急がせず、時を大切に、継続すること。

熊野屋の使命は本物の伝統食品を消費者の方々に、知ってもらい、購入してもらい、使ってもらい続けることです。変えてはいけない大切なことは受け継ぎ守り、そして新たなことも、新旧共に育て伝えること、細くとも長く続けること——。

できうる限りの努力を続けて伝統食品と伝統の大切さを次の時代へと繋いでいきたいと思います。

＊「長者の万灯より貧者（貧女）の一灯」神仏に灯明を上げるに、金持ちが金に飽かせて上げた万灯より貧者の捧げた一灯の方が誠心こもってよい。貧女が自分の髪を切り僅かな銭で捧げた一灯は風が激しく吹いて多くの灯明が消えたけれど残ったという逸話。（『故事成語諺辞典』〔明治書院〕高橋源一郎著より）。

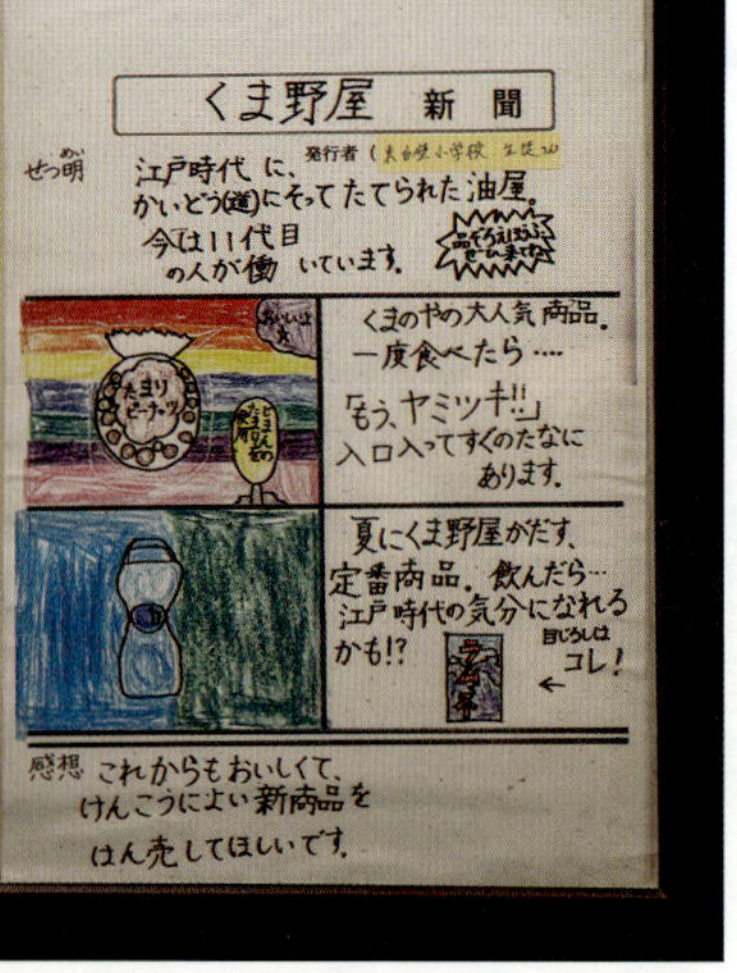

小さな熊野屋のファン（隼輔君の「くま野屋新聞」）

かたぎ古香園（滋賀県甲賀市）

辛口
シンカ
純米梅酒
SHIGEMASU
純絹
特製胡麻油
ラムネ
昆布豆
くまのや
昔なが
越後 名物
翁飴
献上加賀
創業文久三年
丸八製茶場
広島
ごとうの塩
熊野屋
善光寺
落雁
長崎
麦
絹胡麻
くまの家
国産大豆
豆味噌
紫蘇梅

seasoning for bento
銀座若菜
漬物ふりかけ
だいこん葉
梅しそ
れもん
とまとジュース
i Maccheroni
di Toscana
dei
martelli
famiglia di pastai
CUZCO
クスコ
Mercato Piccolo
焼鮭
みかん
BEE FARM
Nagano
長野県産
ケチャップ

主要参考文献

『食品を見分ける』磯部晶策　岩波書店
『食品づくり一徹』小出種彦　風媒社
『食品づくりへの直言』磯部晶策　風媒社
『もっと食品を知るために』暮らしの手帖社編　暮らしの手帖社
『食べもの情報・ウソ・ホント』高橋久仁子　講談社
『食品のうそと真正評価』藤田哲　エヌ・ティー・エス
『価格の向こう側』西日本新聞社「食くらし」取材班　西日本新聞社
『食』ジョン・クレプス　訳：伊藤祐子・伊藤俊洋　丸善出版
『安心して食べたい！食品添加物の常識・非常識』西島基弘　実業之日本社
『ミルクブックとっておきレシピ&牛乳のお話』北海道新聞社編
『食卓のおとし穴』平澤正夫　小学館
『食の文化史』大塚滋　中央公論社
『珈琲・紅茶の研究』暮らしの設計　中央公論社
『コムギの食文化を知る事典』岡田哲　東京堂出版
『味の文化史』河野友美　世界書院
『日本のワイン』山本博　早川書房
『純米酒を極める』上原浩　光文社
『伝統食品の知恵』藤井建夫監修　柴田書店
『食材図典』小学館
『ロハスの思考』福岡伸一　木楽舎

◉本書で紹介した良い食品と伝統食品の生産者　日本列島　北から南まで

ノースプレインファーム㈱　【牛乳、乳製品】北海道紋別郡興部町北興 116-2　☎ 0158-88-2000
雄武漁業協同組合　【海産物】北海道紋別郡雄武町字雄武 690-1　☎ 0158-84-4686
有限会社フューモアール　【燻製品】北海道紋別市真砂町 2　☎ 050-7519-1874
横山製粉株式会社　【国産粉】北海道札幌市白石区平和通り 5-2-1　☎ 011-864-2222
㈱翁屋（おきな屋・赤い林檎）【和洋菓子】青森県青森市南佃 1-18-15　☎ 017-742-1430
有限会社かくた武田　【納豆】青森県青森市千刈 1-21-5　☎ 017-781-8088
㈱大潟村カントリーエレベーター公社　【米】秋田県南秋田郡大潟村字南 1-60　☎ 0185-45-2215
岩手阿部製粉㈱　【製粉・菓子】岩手県花巻市石鳥谷町好地 3-85-1　☎ 0198-45-4880
㈲壽屋　【漬物】山形県東根市本町 6-36　☎ 0237-42-0173
㈱木の屋石巻水産　【缶詰】宮城県石巻市魚町 1-11-4　☎ 0225-98-8894
仙台味噌醤油㈱　【味噌】宮城県仙台市若林区古城 1-5-1　☎ 022-286-3151
ミネラル工房　【塩】新潟県村上市中浜 1076-2　☎ 0254-77-2993
㈲サンライス魚沼　【米】新潟県魚沼市七日市 668-1　☎ 025-792-5778
㈱杉田味噌醸造所　【味噌】新潟県上越市本町 4-3-16　☎ 025-523-2512
高橋孫左衛門商店　【米飴】新潟県上越市南本町 3-7-2　☎ 025-524-1188
㈱桜井甘精堂　【栗菓子】長野県上高井郡小布施町大字小布施 2460-1　☎ 026-247-2132
信州味噌㈱　【味噌】長野県小諸市荒町 1-7-11　☎ 0267-22-0007
橘倉酒造㈱　【日本酒】長野県佐久市臼田 653-2　☎ 0267-82-2006
㈲酢屋亀本店　【味噌】長野県長野市西後町 625　☎ 026-235-4022
㈲村田商店　【納豆】長野県長野市若里 1-4-8　☎ 026-226-6771
㈱アルプス　【ジュース】長野県塩尻市塩尻町 260　☎ 0263-52-1150
㈱ナガノトマト　【トマト加工品】長野県松本市村井町南 3-15-37　☎ 0263-58-2288
アルファオメガ諏訪㈱　【食品全般】長野県岡谷市川岸上 2-11-30　☎ 0266-21-7670
㈱セイアグリーシステム　【卵】富山県高岡市福岡町江尻 73-1　☎ 0766-64-2372
フェルヴェール　【洋菓子】富山県高岡市福岡町下老子 775-2　☎ 0766-64-8805
山三商事株式会社　【昆布】富山県高岡市問屋町 90　☎ 0766-24-3660
中央葡萄酒㈱　【ワイン】山梨県甲州市勝沼町等々力 173　☎ 0553-44-1230
㈱千葉産直サービス　【缶詰・惣菜】千葉県千葉市若葉区愛生町 146-1　☎ 043-254-7791
㈱ベストフード　【食品全般】千葉県流山市駒木台 5-2-1102　☎ 047-197-1912
稲垣商店　【イタリア直輸入品】東京都渋谷区鉢山町 7-5　☎ 03-3462-6676
㈲宮城屋　【豆腐】神奈川県横浜市都筑区池辺町 3430-1　☎ 045-935-2754
㈱小田原鈴廣　【水産練り製品】神奈川県小田原市風祭 245　☎ 0465-22-1380
㈱秋山養蜂　【蜂蜜】静岡県藤枝市仮宿 1174-1　☎ 054-641-5362
㈱かねも　【茶】静岡県掛川市掛川 70　☎ 0537-22-3145
㈱山政　【鰹製品・惣菜】静岡県焼津市小川 2-4-14　☎ 054-626-1001
㈱丸八製茶場　【日本茶】石川県加賀市動橋町タ 1-8　☎ 0761-74-1557
㈱加賀麩司宮田　【麩】石川県金沢市東山 3-13-7　☎ 076-251-0035
佃食品㈱　【佃煮】石川県金沢市大場町東 828　☎ 076-258-5545
㈲ユーセー　【食品全般】石川県金沢市福久東 1 オフィスオーセド　☎ 076-214-4777
㈱若菜　【漬物】愛知県海部郡蟹江町蟹江本町ヤノ割 46　☎ 0567-95-3111
㈱オキノ　【珈琲】愛知県長久手市平地 7　☎ 0561-63-8315
㈱澤井コーヒー本店　【珈琲】愛知県名古屋市東区泉 2-11-8　☎ 052-931-4551
㈱斉藤コーヒー　【珈琲】愛知県名古屋市西区中小田井 3-86　☎ 052-501-0708
㈱クリスタル　【珈琲】愛知県名古屋市中川区中花町 103　☎ 052-354-8282
㈱角谷文治郎商店　【味醂】愛知県碧南市西浜町 6-3　☎ 0566-41-0748
九重味醂㈱　【味醂】愛知県碧南市浜寺町 2-11　☎ 0566-41-0708
合資会社松華堂菓子舗　【和菓子】愛知県半田市御幸町 103　☎ 0569-21-0046

白扇酒造㈱　【味醂】岐阜県加茂郡川辺町中川辺 28　☎ 0574-43-3835
カツノ製菓舗　【飴】岐阜県中津川市付知町野尻 7832　☎ 0573-82-3126
濃尾あられ　【あられ】岐阜県安八郡輪之内里 993　☎ 0584-69-2120
㈱オーガニックフーズ　【ハムソーセージ】岐阜県瑞浪市日吉町 8732-27　☎ 0572-69-2412
東海醸造㈱　【豆味噌たまり】三重県鈴鹿市西玉垣町 1454　☎ 059-382-0001
㈲久政　【鰹製品】三重県志摩市大王町波切 1000-2　☎ 0599-72-4141
㈱島屋　【食品全般】三重県松阪市宮町 141-10　☎ 0598-51-2336
田中観月堂　【和菓子】三重県鈴鹿市江島本町 1-10　☎ 059-386-0061
㈱すずきゅう　【惣菜】三重県鈴鹿市池田町 1235　☎ 059-382-5333
㈲二軒茶屋餅角屋本店　【麦酒】三重県伊勢市神久 6-428　☎ 0596-63-6515
かたぎ古香園　【茶】滋賀県甲賀郡信楽町宮尻 1090　☎ 0748-84-0135
村山造酢㈱　【酢】京都府京都市東山区三条大橋東 3-2　☎ 075-761-3151
北尾商事㈱　【砂糖・惣菜・菓子】京都府京都市下京区西七条南中野町 47　☎ 075-312-8811
㈱京の舞妓さん本舗　【漬物】京都府亀岡市稗田野町佐伯浦亦 28-3　☎ 0771-21-8730
㈲三幸農園　【梅干】和歌山県和歌山市狐島 508　☎ 073-455-8899
㈲西出水産　【干物】和歌山県和歌山市雑賀崎 755-3　☎ 073-444-7173
堀河屋野村　【醤油・径山寺味噌】和歌山県御坊市薗 743　☎ 0738-22-0063
こんぶ土居　【昆布・佃煮】大阪府大阪市中央区谷町 7-6-38　☎ 06-6761-3914
村嶋　【和菓子】大阪府大阪市西区北掘江 2-7-4　☎ 06-6536-1514
ハム工房たくみ亭　【ハム焼き豚】大阪府摂津市鳥飼本町 1-2-39　☎ 072-650-2403
㈱大友商事　【輸入品】大阪府寝屋川市早子町 23-2　☎ 072-822-4369
㈱タマヤ　【パン】大阪府岸和田市下松町 965　☎ 072-426-2211
㈲久保食品　【豆腐】香川県綾歌郡宇多津町浜三番丁 25-19　☎ 0877-49-5580
岡田製糖所　【和三盆糖】徳島県板野郡上板町泉谷　☎ 0886-94-2020
佐藤松　【和布】徳島県鳴門町里浦町里浦字花面 656-2　☎ 086-685-4030
㈱黄金の村　【ゆず加工品】徳島県那賀郡那賀町木頭南宇字上平 47-3　☎ 0884-64-8883
㈲いのうえ果樹園　【みかん缶詰】愛媛県大洲市長浜町出海乙 76　☎ 0893-53-0462
土佐のあまみ屋　【塩】高知県幡多郡黒潮町佐賀 34　☎ 0880-55-3402
㈱三国屋　【海苔】広島県広島市西区商工センター 1-11-4　☎ 082-277-7201
田舎庵　【明太子・鰻】福岡県北九州市小倉北区魚町 3-4-6　☎ 093-541-6610
㈱高橋商店　【日本酒】福岡県八女市本町 2-22-1　☎ 0943-23-5101
長工醤油味噌（協）【醤油・味噌】長崎県大村市溝陸町 815　☎ 0957-53-6671
㈱中嶋屋本店　【海産物】長崎県長崎市築町 4-2　☎ 095-821-6310
蘇州淋　【月餅】長崎県長崎市新地町 13-17　☎ 095-825-6781
五島塩の会　【塩】長崎県南松浦郡上五島町鯛之浦 85-37　☎ 0959-42-3427
さつまあげ前迫　【さつまあげ】鹿児島県鹿児島市下荒田 3-28-6　☎ 099-250-7014
㈲鹿児島ますや　【黒豚】鹿児島県始良市宮島町 29-3　☎ 0995-66-4186
㈲花ぐすく　【黒糖・惣菜】沖縄県那覇市田原 2-2-3　☎ 098-858-4315

◉熊野屋と交流のある全国の食品小売販売店

食を考える協議会　北海道紋別郡興部町仲町 503　☎ 0158-88-2660
オホーツクテロワールの店　北海道網走郡美幌町三橋南コープさっぽろ美幌店　☎ 0152-73-3637
芽吹き屋　岩手県花巻市石鳥谷町好地 3-85-1　☎ 0198-45-4776
発酵の里こうざき　千葉県香取郡神埼町松崎 855　道の駅こうざき発酵市場　☎ 0478-70-1711
佐野味噌醤油亀戸本店　東京都江東区亀戸 1-35-8　☎ 03-3685-6111
たちばなや津兵衛　愛知県一宮市大和町馬引字乾出 859　☎ 0586-45-6475
ナゴヤキッチェビオ　名古屋市中区丸の内 3-6-21　☎ 052-265-5850
サポーレ瑞穂店　名古屋市瑞穂区初日町 2-57　☎ 052-837-3000

ヘア・ドウ　名古屋市北区大杉 3-8-8　☎ 052-915-8883
めるはーば　名古屋市西区那古野 1-6-15　☎ 052-551-0088
サンサンライス　名古屋市天白区植田 3-1518　☎ 052-801-2929
加賀屋　名古屋市緑区鳴海町文木 30-4　☎ 052-891-2808
壷屋壷亭　石川県金沢市尾張町 2-16-4　☎ 076-223-0551
さとなか　奈良県大和郡山市豆腐町 40-2　☎ 0743-52-2218
メルカートピッコロ　大阪市中央区今橋淀屋橋オドナ１Ｆ　☎ 06-4707-6181
㈲鶴乃嘴　鳥取県倉吉市堺町 3-100　☎ 0858-23-5161
福田百貨店　愛媛県宇和島市御内 688　☎ 0895-36-0300
くぼさんのとうふショップ　香川県綾香郡宇多津浜三番丁 25-19　☎ 0877-49-5580

＊良い食品づくりの会の食品販売協力店は全国に 73 店あります。詳しくは良い食品づくりの会事務局へお問い合わせ願います。電話：03-6661-2880　ホームページ　http://yoisyoku.org/

●熊野屋のお勧めの全国の酒販小売店

菅久商店　秋田県秋田市中通り 4-14-8　☎ 018-833-6336
酒のいとう　福島県いわき市勿来町窪田町通り 2-125-1　☎ 0246-64-8289
根本酒店　福島県伊達市保原町所沢字堀ノ内 36-1　☎ 024-573-5484
さいす酒店　福島県東白川郡棚倉町新町 80-3　☎ 0247-33-3302
植木屋商店　福島県会津若松市馬場町 1-35　☎ 0242-22-0215
あんどう酒店　福島県郡山市大槻町字小金林 24-19　☎ 024-952-3286
中戸屋　茨城県猿島郡境町大字伏木 1257-6　☎ 0280-86-5100
中谷醤油酒店　茨城県坂東市岩井 4949-1　☎ 0297-35-0062
長山酒店　茨城県日立市多賀町 1-17-1　☎ 0294-33-1212
金谷酒店　群馬県太田市細谷町 1274-2　☎ 0276-32-1836
横内酒店　埼玉県さいたま市浦和区常盤 9-32-18　☎ 048-831-7813
籠屋秋元商店　東京都狛江市駒井町 3-34-3　☎ 03-3480-8931
酒道庵阿部　東京都板橋区蓮根 1-1-1　☎ 03-3965-3031
出口屋　東京都目黒区東山 2-3-3　☎ 03-3713-0268
㈱掛田商店　神奈川県横須賀市鷹取 2-5-6　☎ 046-865-2634
柳嶋屋　神奈川県中郡大磯町大磯 452　☎ 0463-61-0149
酒の旭屋　神奈川県横浜市神奈川区菅田町 488-4-1-104　☎ 045-472-2666
地酒のモトヘイ　山梨県富士吉田市小明見 1-6-16　☎ 0555-22-0082
深澤酒店　長野県松本市波田 3136　☎ 0263-92-3107
宮下酒店　石川県金沢市中村町 4-3　☎ 076-241-6547
中仙道大鋸　岐阜県中津川市本町 1-2-9　☎ 0573-65-2625
山川酒店　岐阜県可児市広見 1728-1　☎ 0574-62-0233
長島酒店　静岡県静岡市葵区竜南 1-12-7　☎ 054-245-9260
丸中大橋商店　静岡県磐田市見付宿町 1232-1　☎ 0538-32-5222
下條屋　愛知県豊橋市牛川町字中郷 68　☎ 0532-53-0069
吟酒館たからや　愛知県豊川市新桜町通り 2-9-1　☎ 0533-89-8800
はねよし　愛知県豊橋市野依町上地 25-1　☎ 0532-25-7633
酒道屋　丸山　愛知県蒲郡市三谷町東 2-43　☎ 0533-69-4024
久田酒店　愛知県名古屋市中川区東中島町 8-31　☎ 052-361-1702
知多繁　　愛知県名古屋市昭和区池端町 1-18　☎ 052-841-1253
酒泉洞堀一　愛知県名古屋市西区枇杷島 3-19-22　☎ 052-531-0290
丸喜屋　滋賀県大津市衣川 3-1-9　☎ 077-573-2364
酒楽座いのうえ　京都府京都市南区東九条西岩本町 5　☎ 075-691-1752

ワインと地酒武田　岡山県岡山市南区新保 1130-1　☎ 086-801-7650
酒のゆたか屋　広島県福山市大門町 2-17-12　☎ 084-940-0147
ふじむら酒場　山口県防府市東松崎町 9-12　☎ 0835-22-0293
松原酒店　山口県宇部市東本町 1-9-15　☎ 0836-21-1216
てのや商店　福岡県遠賀郡芦屋町船頭町 5-19　☎ 093-223-0050
地酒とワイン大庭　福岡県中間市東中間 2-2-3　☎ 093-245-0814
酒商菅原　福岡県福岡市中央区渡辺通り 5-24-30　☎ 092-712-2366
倉重酒店　福岡県飯塚市伊川 535-17　☎ 0948-52-5550
うらの酒店　福岡県行橋市行事 7-5-12　☎ 0930-22-2673
田村本店　福岡県北九州市門司区大里本町 2-2-11　☎ 093-381-1496
田蔵　福岡県田川市番田町 1-7　☎ 0947-45-6961
後藤商店　福岡県久留米市田主丸町恵利 1149　☎ 0943-73-1333
中尾酒店　長崎県長崎市江川町 235　☎ 095-878-3553
富屋　長崎県大村市富の原 1-1434-2　☎ 0957-55-4611
あらき　熊本県熊本市南区城南町下宮地 431-1　☎ 0964-28-6550
市原屋酒店　熊本県熊本市中央区新屋敷 2-2-20　☎ 096-364-0517
千代の屋　熊本県阿蘇市内牧 1545-1　☎ 0967-32-0320
酒乃宮崎　宮崎県日向市原町 1-11　☎ 0982-57-3512
伊藤酒店　宮崎県児湯郡新富町富田南 1-52-2　☎ 0983-33-0059
安藤酒店　宮崎県都城市山田町中霧島 3162-1　☎ 0986-64-2012
堀之内酒店　鹿児島県薩摩郡さつま町宮之城屋地 2775-4　☎ 0996-53-0206

［著者紹介］
良い食品と伝統食品　熊野屋
〒461-0026 名古屋市東区赤塚町七番地
TEL：052-931-8301　FAX：052-932-6022
www.kumanoya.net

熊田 博（くまだ・ひろし）
1949年生まれ。江戸享保年間創業の熊野屋十一代目。
江戸時代から300年同じ場所で商いを続ける老舗熊野屋を営む。

熊田ひろみ（くまだ・ひろみ）
熊田博の長女。熊野屋十二代目。

【イラスト】
熊田 博

【デザイン】
株式会社 VA
多方面におけるその道の達人たち（Various Artists）と関わりながら
視覚に訴える物事を記録・保存・活用し、ともに未来へ伝達（Visual Archives）
していく。名古屋市東区にあるクリエイティブスタジオ。
www.va-va-va.com
写真：岡村靖子
装丁：伊藤文崇

良い食品には物語がある

2019年9月10日　第1刷発行　（定価はカバーに表示してあります）

著　者　熊田 博

発行者　山口 章

発行所　名古屋市中区大須1丁目16番29号
電話 052-218-7808　FAX052-218-7709
http://www.fubaisha.com/
風媒社

乱丁・落丁本はお取り替えいたします。　＊印刷・製本／シナノパブリッシングプレス
ISBN978-4-8331-5367-6